智慧农场数字空间数据构建技术与应用

孟小艳　徐　金　张书涵　王　婷　编著

北京邮电大学出版社
www.buptpress.com

内 容 简 介

本书由三部分组成。第一部分包含 2 章,主要介绍了智慧农场出现的背景、地理空间数据在农业中的重要性、本书依托项目的概况及地理空间数据基本理论。第二部分包含 6 章,系统阐述了高精度地理空间数据的生产流程,包括需求分析与设备选型、技术设计、地理空间数据采集、航摄影像处理、矢量数据生产、数据存储与发布等主要环节的设计与实现过程。第三部分包含 1 章,总结了高精度地理空间数据的应用情况并对其未来发展进行了展望。

图书在版编目（CIP）数据

智慧农场数字空间数据构建技术与应用 / 孟小艳等编著. -- 北京：北京邮电大学出版社，2025. -- ISBN 978-7-5635-7550-3

Ⅰ. S126

中国国家版本馆 CIP 数据核字第 2025YT6687 号

责任编辑：王晓丹　杨玉瑶　　责任校对：张会良　　封面设计：七星博纳

出版发行：北京邮电大学出版社
社　　址：北京市海淀区西土城路 10 号
邮政编码：100876
发 行 部：电话：010-62282185　传真：010-62283578
E-mail：publish@bupt.edu.cn
经　　销：各地新华书店
印　　刷：保定市中画美凯印刷有限公司
开　　本：787 mm×1 092 mm　1/16
印　　张：13
字　　数：281 千字
版　　次：2025 年 9 月第 1 版
印　　次：2025 年 9 月第 1 次印刷

ISBN 978-7-5635-7550-3　　　　　　　　　　　　　定价：79.00 元

·如有印装质量问题,请与北京邮电大学出版社发行部联系·

前　言

随着现代农业技术的飞速发展,精准农业已经成为现代农业的重要发展方向。在这一背景下,农场高精度地理空间数据作为精准农业不可或缺的组成部分,其重要性日益凸显。高精度地理空间数据不仅为农业生产提供了数据,还为农业规划、资源管理和决策支持提供了强有力的工具。

本书为农业从业者、地理信息系统(GIS)专家,以及对高精度地理空间数据生产感兴趣的学者提供建议与指导。通过本书,读者将了解如何利用现代测绘技术和地理信息技术,高效、准确地生产农场高精度地理空间数据。

本书将首先介绍地理空间数据的基本概念及其在现代农业中的应用;其次,将详细阐述高精度空间数据生产的各个阶段,包括需求分析与设备选型、技术设计、地理空间数据采集、航摄影像处理、矢量数据生产、数据存储与发布。最后,总结了高精度地理空间数据的应用情况并对其未来发展进行了展望。高精度地理空间数据的生产是一个系统工程,它需要综合考虑技术、成本和操作的可行性。

在农业领域,每一块土地都是独一无二的,因此,本书也特别强调定制化和适应性,以指导读者如何根据不同农场的特定需求来调整地理空间数据生产流程。本书以新疆昌吉华兴农场为例,让读者能够清晰地了解每一步空间数据生产所使用到的关键技术。

随着遥感技术、无人机、人工智能和大数据分析的不断进步,地理空间数据将在农业领域扮演越来越重要的角色。希望本书能够为推动这一进程贡献一份力量,并激发更多的创新和应用。

本书依托"新一代人工智能"国家科技重大专项"群体智能自主作业智慧农场"课题(项目编号:2022ZD0115805)中的"智慧农场关键技术集成应用示范"子课题(项目编号:2022ZD0115805-5)、新疆维吾尔自治区重大科技专项"农场数字化及智能化关键技术研究"课题(项目编号:2022A0244)完成,是上述课题的研究成果。

让我们携手共进,在精准农业的道路上探索前行,共创农业现代化的美好未来。

目 录

第一部分 基础知识

第1章 智慧农场概述 ··· 3
1.1 智慧农场出现的背景 ··· 3
1.2 地理空间数据在农业中的重要性 ·· 5
1.3 项目简介 ·· 6
本章参考文献 ··· 7

第2章 地理空间数据基本理论 ··· 16
2.1 地理空间数据概述 ··· 16
  2.1.1 地理空间数据的定义 ·· 16
  2.1.2 地理空间数据的类型 ·· 16
  2.1.3 地理空间数据的特征 ·· 17
  2.1.4 时空坐标系 ·· 17
2.2 高精度地理空间数据概述 ·· 18
  2.2.1 高精度地理空间数据的定义 ······································· 18
  2.2.2 高精度地理空间数据的特点 ······································· 18
  2.2.3 关键技术与挑战 ·· 19
  2.2.4 参照标准和规范 ·· 22
本章参考文献 ··· 23

第二部分 高精度地理空间数据生产流程

第3章 需求分析与设备选型 ·· 31
3.1 高精度地理空间数据在智慧农场中的典型应用场景 ··············· 31

3.2 高精度地理空间数据的性能与精度 ……………………………………… 32
3.3 项目目标与需求分析 ……………………………………………………… 34
3.4 项目需求分析案例 ………………………………………………………… 36
3.5 设备选型 …………………………………………………………………… 38
    3.5.1 参照标准和规范 …………………………………………………… 38
    3.5.2 航摄仪 ……………………………………………………………… 39
    3.5.3 RTK 测量仪 ………………………………………………………… 42
本章参考文献 …………………………………………………………………… 44

第 4 章 技术设计

4.1 参照标准和规范 …………………………………………………………… 49
4.2 技术设计 …………………………………………………………………… 49
4.3 技术路线 …………………………………………………………………… 49
本章参考文献 …………………………………………………………………… 51

第 5 章 地理空间数据采集

5.1 地理空间数据采集概述 …………………………………………………… 54
5.2 作业前准备 ………………………………………………………………… 55
    5.2.1 实地勘察与制订计划 ……………………………………………… 55
    5.2.2 设备检查与试飞测试 ……………………………………………… 59
5.3 数据采集作业 ……………………………………………………………… 63
    5.3.1 参照标准和规范 …………………………………………………… 63
    5.3.2 像控点布设方案 …………………………………………………… 63
    5.3.3 像控点采集 ………………………………………………………… 67
    5.3.4 航空测绘 …………………………………………………………… 73
    5.3.5 成果整理及移交 …………………………………………………… 78

第 6 章 航摄影像处理

6.1 航片筛选 …………………………………………………………………… 80
6.2 图像拼接与正射校正 ……………………………………………………… 80
    6.2.1 图像手动处理过程 ………………………………………………… 82
    6.2.2 图像批量处理过程 ………………………………………………… 87

第 7 章 矢量数据生产

7.1 参照标准 …………………………………………………………………… 91
7.2 矢量数据生产软件 ………………………………………………………… 91

7.3 图层及要素设计 ·············· 93
7.4 矢量图层勾绘 ·············· 96
7.5 样式设计 ·············· 105

第8章 数据存储与发布 ·············· 118
8.1 技术框架 ·············· 118
8.2 数据库创建与存储 ·············· 119
    8.2.1 数据库创建 ·············· 119
    8.2.2 数据导入 ·············· 120
    8.2.3 数据库概念结构设计 ·············· 124
    8.2.4 数据库表格设计 ·············· 129
8.3 图层接口设计 ·············· 133
    8.3.1 WMS 服务名称规范 ·············· 137
    8.3.2 WMS 服务地址 ·············· 138
    8.3.3 WFS 服务名称规范 ·············· 139
    8.3.4 WFS 服务地址 ·············· 140
8.4 地理空间数据发布 ·············· 140
8.5 地理空间数据访问 ·············· 149
8.6 地理空间数据展示 ·············· 152
    8.6.1 地理空间数据展示技术概述 ·············· 152
    8.6.2 基于 Folium 的空间数据可视化 ·············· 153
    8.6.3 基于 Leaflet 的空间数据可视化 ·············· 158
    8.6.4 基于 OpenLayers 的空间数据可视化 ·············· 161
    8.6.5 基于 OpenLayers 的栅格数据可视化 ·············· 164

第三部分 总结与展望

第9章 高精度地理空间数据的应用情况及其未来展望 ·············· 171
9.1 高精度地理空间数据的应用情况 ·············· 171
9.2 未来展望 ·············· 174

附录 A 本书参照的标准和规范 ·············· 177

附录 B DJI Mavic 3M 参数 ·············· 178

附录 C 华兴农场 1:500 高精度地理空间数据构建技术设计书 ·············· 183

- C.1 任务概述 ·············· 183
  - C.1.1 任务来源 ·············· 183
  - C.1.2 测区范围及地理位置 ·············· 183
  - C.1.3 行政隶属 ·············· 183
  - C.1.4 成图比例尺及测区名称 ·············· 183
- C.2 测区情况及已有资料 ·············· 184
- C.3 引用标准及文件 ·············· 184
- C.4 成果规格及主要技术指标 ·············· 185
- C.5 设计方案 ·············· 185
  - C.5.1 项目技术路线 ·············· 185
  - C.5.2 设备及软硬件配置 ·············· 186
  - C.5.3 地面控制点布设及测量 ·············· 186
  - C.5.4 无人机试飞 ·············· 187
  - C.5.5 数据处理 ·············· 187
  - C.5.6 地图制作 ·············· 187
- C.6 进度安排 ·············· 191
- C.7 质量控制 ·············· 191
- C.8 成果提交及要求 ·············· 192

附录 D 无人机飞行计划书 ·············· 193

- D.1 飞行任务与目标 ·············· 193
- D.2 无人机选型及配置 ·············· 193
- D.3 飞行计划与航线设计 ·············· 193
- D.4 飞行安全与风险控制 ·············· 195

附录 E 检查记录表(一) ·············· 196

附录 F 检查记录表(二) ·············· 198

第一部分 基础知识

第一部分 法律知识

第1章　智慧农场概述

1.1　智慧农场出现的背景

自古以来我国都是农业大国，农业对于国家的经济发展起着至关重要的作用。随着经济发展、科技进步和社会变革的不断推进，农业生产模式也在不断转变，传统的人力耕种、浇灌、监管等方式已逐渐被机械、科技所取代，智慧农业的发展已成为我国农业现代化的重要方向。智慧农业利用信息技术、物联网、大数据等现代技术，为农业生产提供了新思路和新方法，同时降低了人工作业成本，减少了资源浪费和环境污染。

近年来，中国政府高度重视智慧农业的发展，在智慧农业领域出台了一系列政策支持智慧农业的发展和创新，形成了一套从中央顶层设计到地方落实执行，从基础设施建设到技术推广应用、社会化服务的完整政策体系，引导上下联动、多方参与、协同合作，推动智慧农业的快速发展。

2004—2024年，中共中央连续二十一年发布聚焦"三农"议题的"中央一号文件"，强调"三农"问题在社会主义现代化时期的重要地位，图1-1为2012—2023年智慧农业相关内容演变进程。

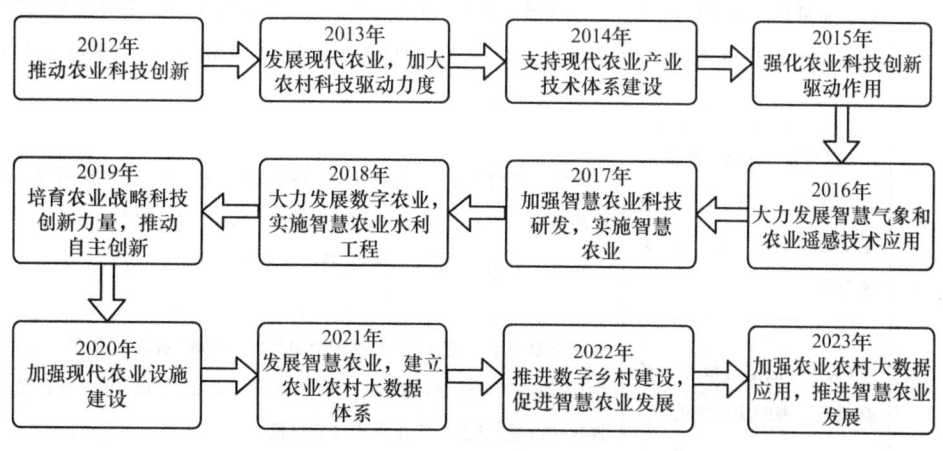

图1-1　2012—2023年智慧农业相关内容演变进程

在党中央、国务院的统筹部署下,各地政府认真贯彻落实中央精神,接连出台相关政策推动智慧农业发展,探索符合各自禀赋优势的差异化发展路径,表 1-1 列出了部分地区智慧农业的相关政策。

表 1-1 部分地区智慧农业的相关政策

部门	政策名称	相关内容
河北省	《河北省智慧农业示范建设专项行动计划(2020—2025 年)》	聚焦 6 大任务(智慧种植、智慧畜牧、智慧水产、智慧种业、智慧新业态、智慧监管),实施 6 项工程(智慧农业大数据工程、智慧农业创新工程、智慧农业示范工程、"互联网+"农产品出村进城工程、智慧农业监测预警工程、智慧农业人才培育工程),以需求为导向,通过示范带动,强化推广应用,大力推进"互联网+"现代农业创新发展,加速农业产业数字化进程,促进我省现代农业全面可持续发展
黑龙江省	《"数字龙江"发展规划(2019—2025 年)》	推进数字技术与农业生产深度融合。围绕大田种植和设施农业,加快"天空地"一体化信息遥感监测网络建设,推进物联网感知、卫星遥感、地理信息等技术在生产监测、精准作业、智能指挥等农业生产全过程的集成应用。加快传统农机设施的数字化改造,推进农业智能传感与控制系统应用,提升装备智能化、作业精准化、管理数据化、服务在线化水平。开展农业物联网标准化建设试点,面向粮油、果蔬、乳制品、奶牛、林蛙、黑猪等特色产业,建立基于物联网的全生命周期质量安全管控和疫病监测预警系统,统筹建设一批智慧农牧业特色示范区。推进农业生产大数据应用,整合农业地理、生产经营、科技推广等数据资源,提供大数据分析和决策支撑服务
广西壮族自治区	《广西现代特色农业示范区高质量建设五年行动方案(2021—2025 年)》	进一步提升现代特色农业示范区现代科技设备和生产设施装备水平,努力实现生产工厂化、装备设施化、控制自动化、管理数字化和全程智能化,加快推进农业机械化。着力打造智慧农业,推广运用物联网、大数据、云计算、区块链、移动互联等现代信息技术,打造一批智能化、数字化现代特色农业示范区
浙江省	《中共浙江省委 浙江省人民政府关于 2022 年高质量推进乡村全面振兴的实施意见》	加快发展智慧农业,推动水肥一体化、饲喂自动化、环境控制智能化等设施装备技术研发应用,鼓励区块链、大数据、物联网、人工智能等在农业领域的应用与创新。加快发展设施农业
上海市	《关于促进上海域外农场高质量发展的实施意见》	推进数字农业建设,深入推进全域"无人农场"示范区和智慧生猪、奶牛、蛋鸡养殖场建设,建设粮库数字化监管系统,完成 40 万吨存量粮库智慧化改造,试点数字化水产基地建设

在中央的领导和各地政府的积极响应下,我国智慧农业科技创新能力不断增强,而精准地理信息作为智慧农业的关键技术之一,发挥着重要作用。高精度的农田地理空间数据可以提供农田环境的详细信息,包括地块信息、灌溉信息、道路信息等相关要素特征,这些信息为自主农业机械感知作业环境、精准定位和农场智能化管理提供支撑。

农田地理空间数据与交通领域不同的是,农田没有红绿灯、车道线等标志物,而有如水渠、电线杆和闸阀井等障碍物。农田的地形、田间的道路、障碍物的位置等信息,对于智能农机、农场智能化、农业信息感知都是至关重要的。因此,如何准确地提供农场地物要素信息成为构建农场地理空间数据的关键。

传统的实地测量、数字化纸质地图和摄影测量等获取地理空间数据的技术手段,存在耗时长、准确性低、更新复杂等问题,不能为农田环境感知、无人作业农机、农场智能化管理等研究提供基础数据支撑。微导航定位技术、遥感技术、人工智能、5G、云计算、大数据等技术的迅速发展,显著推动了空间信息获取技术的发展,目前,农场地理空间数据的构建常常采用遥感和航测技术,以实现对大面积地块信息的提取,为农户提供了农业生产的科学依据。

在此背景下,本书采用遥感和航测技术,结合无人机对农田进行摄影航测、图像拼接、图层生成等,构建农场地理空间数据。

1.2　地理空间数据在农业中的重要性

在农场环境中,精准的地理空间数据为农场信息感知、农机智能作业、农场智能化管理等提供基础数据支撑。

农业信息感知技术通过天、空、地三个维度,利用卫星遥感、无人机和地面物联网,全方位采集各类农业数据。农业信息感知技术主要体现在三个方面:一是基于卫星遥感技术的作物种植面积遥感提取、作物长势遥感监测、农田灾害遥感监测等研究;二是基于无人机的低空监测技术,近年来,国内外利用无人机采集多光谱图像,并将其用于农作物长势监测、杂草监测;三是利用物联网技术所包含的传感器技术采集地面土壤温湿度、土壤养分、光照强度等数据。高精度的农场地理空间数据为农业信息感知技术的前两个方面提供了关键的支撑。例如:李海龙采用无人机航测获取图像,完成图像拼接和校正,构建高精度的地理空间数据,进行全局杂草检测,绘制基于杂草形心坐标的高分辨率作业处方图,以减小对靶施药潜在的影响范围;Castaldi采用无人机获取图像,通过多光谱相机检测玉米田中杂草,通过对照实验,评估均匀喷洒和局部喷洒除草剂对玉米产量的影响,以减少除草剂使用量,避免资源浪费。

智能农机装备结合导航技术、人工智能技术、自动驾驶技术等,完成农机作业目标任务,实现智能感知、自动导航、精准作业和智慧化管理。高精度的农场地理空间数据可以提供田间道路、障碍物位置、农田地形等信息,通过这些信息,农机可以在农田环境中实现精确的自主导航、精准播种、除草等作业。例如:卢邦针对南方中小田块边界信息操作烦琐、无人拖拉机转场作业效率低等问题,采用"无人机构建高精度地图＋远程网页端规划作业路径"方法,通过使用无人机采集影像数据、软件处理、拼接、切片、平差纠正等操作构建高精度地图,基于高精度地图框选田块实现自动生成路径规划,完成直播机组远程路径规划以及调度作业,为南方中小田块无人播种作业提供技术参考;赵欣针对无人驾驶农机对高精度农田地图的需要,提出一种基于多旋翼无人机和Autoware的地图数据采集、标注与发布方法,结合农田进行摄影测量、三维建模和地图标注,实现的农田高精度地图误差和精度满足无人驾驶农机作业对地图精度的需求,可为农机作业路径规划和障碍物感知提供先验信息;Pretto通过多光谱图像获取作物、杂草密度,作物含氮营养状况并准确分类和定位杂草,采用无人机自适应绘制地图,同时结合无人车,通过精准的杂草位置,在没有人为干预的情况下进行选择性喷洒,实现了杂草的去除。

结合高精度的农业地理空间数据和云平台集成土壤信息、作物生长数据、杂草数据、病虫害数据等,通过农业大数据与AI技术相结合,助力农业数据科学分析和决策,为农业生产提供全面的数据支持,保证农业生产过程得以实时监测、智能预警、病虫害预测、作物长势预测和精准施肥,为实现农场智能化管理提供参考。例如:王登辉为直观反映田间不同作业区域的播种质量效果,基于高精度地图生成田间作业区域的播种状态图,以高精度地图作为网页平台背景,在地图上采用点元素标记,采用不同颜色区分播种质量状态,实现田间播种质量数据的实时显示,为后续田间的智能化管理提供支持;丁文浩基于WebGIS平台通过谷歌地图来展示小麦病害的发病级别,使用可视化技术对小麦病害预测结果进行分析与展示,分析发展趋势,利用GIS来实现区域定位,便于直观地观察发病地区与级别。

综上所述,农场地理空间数据在智慧农业中是不可缺少的关键一环。通过高精度的农场地理空间数据提供的要素信息,如农田道路、地块边界、出入口等,为自主农业机械作业提供技术参考;通过实时监测农田播种质量状态、杂草密度、生长作物等情况,预测土壤或植物的状况,为农户提供了农业生产的科学依据,实现精准播种、施肥、除草,提高农作物产量和质量,为农场智能化管理提供支撑。

1.3 项目简介

在中国传统历史背景下,在国家政策支持和新兴技术的发展热潮下,我们应将新一代人工智能先进技术与农业结合,建设基于群体智能的自主作业智慧农场,以节省人力资源,提高农业生产力、农机智能化。

"新一代人工智能"国家科技重大专项"群体智能自主作业智慧农场"项目(2022ZD0115800)由清华大学、新疆大学、新疆农业大学等单位共同参与,该项目将新一代人工智能的先进思想和技术与大规模农业生产相结合,针对作业自主性弱、协同性差等问题,聚焦典型作物农机群体自主作业应用场景,以玉米、小麦、棉花等作物"耕种管收"等全流程的自主作业为研究对象,攻克农场环境自适应感知与认知,自主作业控制、执行与管理,群体智能协同作业与认知计算,智慧农场调度、管理与协同等关键技术。根据项目要求,"群体智能自主作业智慧农场"项目共分为五个课题,如表1-2所示。

表1-2 "群体智能自主作业智慧农场"项目课题

编号	课题名称	主持单位
课题一	智能农事决策与调度管理系统	
课题二	农场环境的智慧感知与认知	
课题三	高效鲁棒群体协同与认知计算	
课题四	智慧农场农机自主作业行为规划与控制	
课题五	智慧农场关键技术集成应用示范	新疆农业大学

新疆农业大学围绕项目总体研究目标,将课题五分为5个子课题,分别为农场高精地图数据系统建设、农场大数据中心建设、农场指挥中心、农场智能感知示范、智慧农场综合应用示范。

子课题"农场高精地图数据系统建设"以新疆昌吉国家农业高新技术产业示范区的华兴农场为实施基地,利用无人机对其核心区2.2万余亩(1亩约为666.67平方米)土地及辐射区近2万亩农田进行了测绘,实现了基础底图和田间各类基础要素的标记,构建了涵盖16个高精图层和基础底图图层的数据系统,开发了基于Web Service的地图对外接口服务,为农业机械感知作业环境、精准定位和农场智能化管理提供支持。本书参照的标准和规范见附录A。

本章参考文献

[1] "十四五"全国农业农村信息化发展规划[J].中国畜牧业,2022,(6):18-22.

[2] KUMAR A, PANT S. Analytical hierarchy process for sustainable agriculture: an overview[J]. MethodsX, 2023, 10: 101954.

[3] ARAYA A, KEESSTRA S D, STROOSNIJDER L. A new agro-climatic classification for crop suitability zoning in northern semi-arid Ethiopia[J].

Agricultural and Forest Meteorology, 2010, 150(7/8): 1057-1064.

[4] AKıNCı H, ÖZALP A Y, TURGUT B. Agricultural land use suitability analysis using GIS and AHP technique[J]. Computers and Electronics in Agriculture, 2013, 97: 71-82.

[5] ROY J, SAHA S. Assessment of land suitability for the paddy cultivation using analytical hierarchical process (AHP): a study on Hinglo river basin, Eastern India[J]. Modeling Earth Systems and Environment, 2018, 4(2): 601-618.

[6] PRAMANIK M K. Site suitability analysis for agricultural land use of Darjeeling district using AHP and GIS techniques[J]. Modeling Earth Systems and Environment, 2016, 2(2): 56.

[7] MENG X L, SHI F G. An extended data envelopment analysis for the decision-making[J]. Journal of Inequalities and Applications, 2017, 2017(1): 240.

[8] MISHRA A K, DEEP S, CHOUDHARY A. Identification of suitable sites for organic farming using AHP & GIS[J]. The Egyptian Journal of Remote Sensing and Space Science, 2015, 18(2): 181-193.

[9] VAIDYA O S, KUMAR S. Analytic hierarchy process: an overview of applications[J]. European Journal of Operational Research, 2006, 169(1): 1-29.

[10] PLANT R E. Expert systems in agriculture and resource management[J]. Technological Forecasting and Social Change, 1993, 43(3/4): 241-257.

[11] GAO S. The application of agricultural resource management information system based on internet of things and data mining[J]. IEEE Access, 2021, 9: 164837-164845.

[12] 阿迪力·亚森, 鲁新新, 蒋青松. 农业资源高效利用管理信息系统研究[J]. 安徽农学通报, 2020, 26(24): 137-138.

[13] 白瑞甫, 李永贵. 兵团红枣产业发展问题分析[J]. 市场论坛, 2010(5): 42-43.

[14] 白铁成, 姚江河. 一种红枣生产管理资源共享平台的设计与实现[J]. 计算机应用与软件, 2015, 32(1): 89-92.

[15] 曹永祥, 张伊林, 陶勇, 等. 石楼县种植红枣的气候条件分析[J]. 安徽农学通报(下半月刊), 2012, 18(16): 142-143.

[16] 曾钦文, 罗烨泓, 魏璐, 等. 河源地区茶树种植适宜性综合评价体系的构建与应用[J]. 广东气象, 2019, 41(5): 54-57.

[17] 常澍. 区域种植业资源管理系统的设计与实现[D]. 郑州: 华北水利水电大学, 2020.

[18] 陈法杰,薄彩香,崔登峰.新疆红枣产业发展问题及对策研究[J].新疆农垦经济,2015(09):29-33.

[19] 陈刚,刘春富,沈越.乡村振兴背景下互联网促进乡村资源整合的路径及效果评价[J].乡村科技,2022,13(4):6-8.

[20] 陈鹏翔,毛炜峄.基于GIS的新疆气温数据栅格化方法研究[J].干旱区地理,2012,35(3):438-445.

[21] 陈晓丽.新疆特色林果产品市场营销策略研究——以红枣为例[D].石河子:石河子大学,2019.

[22] 陈振英.县级基本农田管理信息系统研究[D].西安:长安大学,2014.

[23] 仇会民,邢燕江.尉犁县红枣种植气候条件分析[J].新疆农垦科技,2014,37(9):47-49.

[24] 崔顺林,周全善,邬欢欢.新疆红枣种质资源管理系统设计与实现[J].农业网络信息,2017(4):10-12.

[25] 工信部解读《大数据产业发展规划(2016—2020年)》[J].中国信息安全,2017(5):59-60.

[26] 董朝菊,张放,吴涛,等.大数据在中国果业发展中的应用现状与前景展望——访中国农业科学院农业信息研究所监测预警团队首席科学家许世卫博士[J].中国果业信息,2016,33(7):1-8.

[27] 董占山.作物生产系统及其管理系统[J].生态农业研究,1998,6(1):64-68.

[28] 董志华,李红玉,樊占军,等.焉耆地区红枣种植与气象条件的分析[J].农业与技术,2012,32(2):58-59.

[29] 段居琦,周广胜.中国双季稻种植区的气候适宜性研究[J].中国农业科学,2012,45(2):218-227.

[30] 方月,程维明,周成虎,等.新疆土地耕作适宜性的多自然地理要素评价方法[J].地球信息科学学报,2015,17(7):846-854.

[31] 高建凡,薛鹏飞.红枣种植气候条件及气象服务措施[J].世界热带农业信息,2023(1):1-3.

[32] 高健,王蕾,罗磊,等.新疆特色林果大数据管理平台设计与建设实践[J].林业科技,2019,44(5):45-49.

[33] 高敏,刘建军.陕西省佳县红枣资源的现状调查研究[J].陕西林业科技,2015,43(3):68-71.

[34] 高羽佳,王超,辜丽川.基于大数据的特色林果产品质量安全追溯体系的研究[J].哈尔滨师范大学自然科学学报,2017,33(1):87-90.

[35] 龚志柱,李晶. 基于AHP方法对线上线下协同发展影响因素的研究[J]. 价值工程, 2016, 35(36): 70-72.

[36] 郭鹤群,王玉华. 农村工业空间组织演变及其资源环境效应综述[J]. 中国人口·资源与环境, 2013, 23(S1): 54-57.

[37] 韩世杰. 若羌以最优品质保红枣地域品牌[N]. 巴音郭楞日报, 2008-09-17(A05).

[38] 何莉. 基于大数据技术甘肃苹果种植环节的质量管理研究[D]. 兰州: 甘肃农业大学, 2021.

[39] 何奇瑾,周广胜. 我国玉米种植区分布的气候适宜性[J]. 科学通报, 2012, 57(4): 267-275.

[40] 何维勋. 根据积温条件,确定主栽品种[J]. 农业气象, 1980, 1(3): 28-33.

[41] 贺文丽,李星敏,朱琳,等. 基于GIS的关中猕猴桃气候生态适宜性区划[J]. 中国农学通报, 2011, 27(22): 202-207.

[42] 胡鼎鼎,任宗娇,李欢,等. 新疆红枣产业: 发展态势及支柱地位[J]. 新疆农垦科技, 2022, 45(2): 1-3.

[43] 黄飞,莫蕤,陆启丹. 基于GIS的百色澳洲坚果种植气候适宜性分析[J]. 智慧农业导刊, 2022, 2(21): 23-25.

[44] 黄魏,贺立源,蔡崇法. 贺胜桥镇土壤肥料信息系统的研制[J]. 华中农业大学学报, 2000, 19(5): 450-455.

[45] 火勋国,刘配安,艾尼瓦尔. 麦盖提县红枣种植气候条件分析[J]. 农业与技术, 2018, 38(8): 235.

[46] 工信部信息化和软件服务业司. 解读《信息产业发展指南》之大数据[J]. 中国高新科技, 2017(1): 8-9.

[47] 金新文. 新疆兵团红枣产业链构建及其协同机制研究[D]. 北京: 中国农业大学, 2015.

[48] 匡丽花,叶英聪,赵小敏,等. 基于改进TOPSIS方法的耕地系统安全评价及障碍因子诊断[J]. 自然资源学报, 2018, 33(9): 1627-1641.

[49] 黎玲萍,毛克彪,付秀丽,等. 国内外农业大数据应用研究分析[J]. 高技术通讯, 2016, 26(4): 414-422.

[50] 李春蓉. 新疆南疆红枣种质资源管理系统开发与应用[D]. 阿拉尔: 塔里木大学, 2018.

[51] 李丹婷,广西沿海地区农作物资源调查收集、鉴定评价与创新利用[D]. 广西壮族自治区: 广西壮族自治区农业科学院水稻研究所, 2016.

[52] 李东颖,尤晓妮,周苏刚,等. 基于GIS的天水市苹果种植适宜性决策分析[J].

天水师范学院学报,2020,40(3):105-109.

[53] 李金叶,袁强,蒋慧.基于区域适应性的特色林果业发展探讨[J].新疆农业科学,2010,47(4):741-749.

[54] 李景林,张山清,普宗朝,等.近50a新疆气温精细化时空变化分析[J].干旱区地理,2013,36(2):228-237.

[55] 李靖,傅骅,顾世祥.基于地理信息系统的灌区用水管理系统初步研究[J].农业工程学报,2001,17(6):153-155.

[56] 李军,杨青,史玉光.基于DEM的新疆降水量空间分布[J].干旱区地理,2010,33(6):868-873.

[57] 李敏,蔡玲玲.和田地区红枣种植的气候条件分析[J].现代农业科技,2019(17):110,113.

[58] 李全胜.应用模糊数学评价亚热带山区柑桔、茶树种植适宜性[J].浙江气象科技,1988,9(2):22-26.

[59] 李婷婷,马娟娟,张建华.农业大数据信息采集平台建设研究[J].中国农学通报,2022,38(3):158-164.

[60] 李卫江,吴永兴,茅国芳.基于WebGIS的基本农田土壤环境质量评价系统[J].农业工程学报,2006,22(8):59-63.

[61] 李曦光,王蕾,刘平,等.基于MaxEnt模型的新疆红枣生态适宜性与区划分析[J].新疆农业科学,2020,57(10):1785-1791.

[62] 李新岗,黄建,高文海.我国制干枣优生区研究[J].果树学报,2005,22(6):620-625.

[63] 李新岗,黄建,宋世德,等.影响陕北红枣产量和品质的因子分析[J].西北林学院学报,2004,19(4):38-42.

[64] 李杨,张海峰,刘克宝,等.大数据在精准农业上的应用[J].农家参谋,2020(5):5.

[65] 李应桃,顾欣,聂祥,等.金沙县茶树种植气候适宜性及区划归类分析[J].南方农业,2017,11(17):14,16.

[66] 梁斌,仵晓娟,李继玲,等.林果大数据分析应用平台设计研究——以新疆生产建设兵团为例[J].中南林业科技大学学报,2020,40(9):173-182.

[67] 廖顺宝,李泽辉,游松财.气温数据栅格化的方法及其比较[J].资源科学,2003,25(6):83-88.

[68] 林春华,张文海,谭兆平,等.南方蔬菜种质资源图文信息系统的研究[J].广东农业科学,2000,27(6):20-23.

[69] 刘宏.基于ASP.NET的红枣生产管理信息平台的设计与研究[D].阿拉尔:塔里

木大学，2019．

[70] 刘纪疆，艾则买提，许亮，等．基于GIS的新疆泽普县红枣气候适宜性精细区划[J]．新疆农业科技，2021(3)：43-46．

[71] 刘少军，周广胜，房世波．中国橡胶树种植气候适宜性区划[J]．中国农业科学，2015，48(12)：2335-2345．

[72] 刘学飞．生姜价格预测与大数据平台研发[D]．泰安：山东农业大学，2019．

[73] 刘忠．中国农业管理信息系统发展现状、问题、趋势与对策[J]．农业工程学报，2005，21(S1)：201-206．

[74] 罗箭巧．浅析农业土地资源信息管理平台的建设[J]．云南农业，2016(11)：84-85．

[75] 罗康，屈宝香．美国农户农业资源管理分析及其对中国的启示[J]．农业展望，2021，17(1)：34-39．

[76] 马涛，刘世洪．牛肉质量安全溯源多边平台的设计与实现[C]//中国畜牧兽医学会信息技术分会第十届学术研讨会论文集．北京，2015：264-270．

[77] 穆热扎·阿守尔．阿克苏地区红枣种植的气候资源分析[J]．乡村科技，2017，8(18)：77-78．

[78] 聂艳，周勇，于婧，等．基于GIS和模糊物元贴近度聚类分析模型的耕地质量评价[J]．土壤学报，2005，42(4)：551-558．

[79] 彭金莲，符光宝，黄华孙，等．基于ORACLE数据库的橡胶种质资源信息系统解决方案[J]．华南热带农业大学学报，2002(3)：1-8，21．

[80] 彭睿文，周忠发，黄登红，等．基于多因子分析的高原山区火龙果种植适宜性评价[J]．中国农业资源与区划，2022，43(9)：179-188．

[81] 普宗朝，张山清，李景林，等．近50a新疆≥0℃持续日数和积温时空变化[J]．干旱区研究，2013，30(5)：781-788．

[82] 漆海霞，董义洁，林圳鑫，等．基于LoRa的花生土壤水分监测系统设计与试验[J]．农机化研究，2021，43(8)：69-74．

[83] 漆海霞，林圳鑫，兰玉彬．大数据在精准农业上的应用[J]．中国农业科技导报，2019，21(1)：1-10．

[84] 其米克．新疆塔里木垦区红枣种植的气候适应性分析及其推广[J]．北京农业，2015(6)：187-188．

[85] 秦明星，张赛茹，冯美臣．基于GIS的红芸豆种植适宜性综合分析[J]．山西农业科学，2019，47(12)：2163-2167．

[86] 裘鹏霄，陈履荣，黄寿波．浙江省葡萄生态气候适宜性区划的研究[J]．浙江农业

大学学报，1987，13(4)：83-90.

[87] 任玉璇，许克，牛芗洁. 基于大数据的农业信息化资源管理方法探讨[J]. 现代农业科技，2021(13)：260-261，266.

[88] 山翠翠，莫振忠. 红枣种植气候条件及气象服务措施分析[J]. 南方农业，2021，15(6)：190-191.

[89] 山起超. GIS技术在农业信息化中的应用[J]. 农业工程，2020，10(2)：26-28.

[90] 沈从举，贾首星，郑炫，等. 红枣分级机械的现状与发展[J]. 中国农机化学报，2013，34(1)：26-30.

[91] 沈兆敏，张伯雍，何天富，等. 我国柑桔的生态适宜性区划研究[J]. 中国农业科学，1984，17(2)：1-7.

[92] 史舟，王人潮. 不同比例尺红壤资源信息系统集成技术研究[J]. 浙江大学学报（农业与生命科学版），2001，27(6)：601-605.

[93] 苏文地. 热带县域农业资源管理系统的设计与实现——以海南省儋州市为例[D]. 海口：海南大学，2012.

[94] 孙香花. 涪陵农业信息系统的研究与实现[D]. 重庆：重庆大学，2008.

[95] 覃祚玉，曹继钊，唐健，等. 基于主成分分析和模糊数学法的桉树人工林土壤肥力质量评价[J]. 浙江林业科技，2021，41(5)：8-14.

[96] 唐嘉平，刘钊. 基于GIS的特色经济作物种植适宜性评价系统[J]. 农业系统科学与综合研究，2002，18(1)：9-12.

[97] 唐乐尘，王良睦，王瑾，等. 园林植物病虫害信息管理系统[J]. 中国园林，2000，16(2)：88-90.

[98] 王多东，邵金红，王小兵. 不同时期环剥对红枣结果和效益的影响[J]. 山西果树，2012(4)：11.

[99] 王民敬，周丹丹，李健，等. 新疆生产建设兵团红枣种植布局综合评价[J]. 农业工程，2022，12(5)：138-142.

[100] 王晓霞，张山清，李战超，等. 基于GIS的叶城县核桃种植气候适宜性精细化区划[J]. 沙漠与绿洲气象，2022，16(1)：138-143.

[101] 王泽. 幼龄红枣营养吸收规律与施肥效应研究[D]. 乌鲁木齐：新疆农业大学，2012.

[102] 魏华兵，陈正洪，罗翔，等. 基于GIS的鄂东南枇杷种植生态适宜性精细化区划[J]. 干旱气象，2022，40(5)：823-830.

[103] 吴谷丰，胡月明，朱一中，等. 区域红壤资源信息系统的建立[J]. 土壤与环境，2001，10(3)：192-194.

[104] 吴顺辉,胡月明,戴军,等. 广东省土壤资源信息系统数据库的研制[J]. 华南农业大学学报,2001,22(4):22-25.

[105] 奚玉银,杨为廷. 玉米品种资源数据库专家系统开发研究[J]. 华北农学报,2002,17(S1):230-233.

[106] 夏云. 红枣巧施肥技术的探讨[J]. 农家参谋,2019(20):67.

[108] 闫忠心,鲁周民. 基于质地剖面分析的干制红枣品质评价[J]. 现代食品科技,2014,30(7):237-241.

[108] 严亮亮,张昊,宋丽华. 宁夏红枣种质资源调查及其遗传多样性分析[C]//中国园艺学会2019年学术年会暨成立90周年纪念大会论文摘要集. 郑州,2019:53.

[109] 杨帆,周文佐,赵晓,等. 基于GIS的盐亭县白芷种植生境适宜性评价[J]. 中国中药杂志,2019,44(17):3705-3710.

[110] 杨广召. 面向红枣信息资源的爬虫技术研究[D]. 阿拉尔:塔里木大学,2021.

[111] 杨建香. 大数据在精准农业上的应用[J]. 农民致富之友,2019(12):214.

[112] 叶含春,姚宝林,王兴鹏,等. 不同灌溉制度对矮化密植红枣土壤水盐分布的影响研究[J]. 灌溉排水学报,2012,31(5):118-122.

[113] 于冬菊. 蔬菜供应链质量安全管理体系研究[D]. 济南:山东大学,2020.

[114] 于伏波,向德明. 湖南省柑桔生态适宜性区划研究[J]. 湖南农业科学,1984(2):26-29,22.

[115] 袁辉,王建玲,远辉. 基于主成分分析和聚类分析对新疆红枣的品质评价[J]. 食品工业,2020,41(9):305-309.

[116] 张爱强. 且末县红枣种植气候条件及气象服务研究[J]. 农家参谋,2020(12):181-182.

[117] 张惠,贾首星,郑炫,等. 红枣各阶段分级设备应用现状[J]. 江苏农业科学,2014,42(2):341-343.

[118] 张垒,时恩早. 精准农业中大数据的应用[J]. 计算机产品与流通,2019(10):166.

[119] 张璐,刘淑英,王平. 基于模糊数学的农用地质量综合评价模型[J]. 广东农业科学,2010,37(2):207-209,215.

[120] 张山清,普宗朝,李景林,等. 气候变化对新疆红枣种植气候区划的影响[J]. 中国生态农业学报,2014,22(6):713-721.

[121] 张山清,普宗朝,李景林,等. 气候变暖背景下新疆无霜冻期时空变化分析[J]. 资源科学,2013,35(9):1908-1916.

[122] 张顺谦,熊志强,邓彪,等.三层体系结构气象信息农业应用业务服务系统及其应用与推广[J].中国农业气象,2002,23(4):19-22,41.

[123] 张亚新,刘海蓉,李茂春,等.阿克苏地区枣树冻害类型及主要气象因子的影响分析[J].沙漠与绿洲气象,2009,3(6):43-46.

[124] 张昭豹,马惠兰.上海地区新疆红枣消费特征及偏好研究[J].北方园艺,2014(10):191-194.

[125] 赵建军,张洪岩,王野乔,等.基于AHP和GIS的省级耕地质量评价研究——以吉林省为例[J].土壤通报,2012,43(1):70-75.

[126] 赵千钧,谢高地,李军.县域尺度农业资源管理决策支持系统研究[J].农业工程学报,2005,21(4):123-126.

[127] 赵伟.大数据时代下农业发展模式的变革契机及路径选择[J].石家庄铁道大学学报(社会科学版),2016,10(4):18-22.

[128] 周丽,杨伟志,王长柱,等.新疆红枣优生区研究[J].果树学报,2015,32(3):453-459,522.

[129] 周丽.新疆红枣优生区及高效栽培模式研究[D].杨凌:西北农林科技大学,2014.

[130] 卓世新,魏根成.哈密市种植大枣适宜气象条件分析[J].宁夏农林科技,2013,54(7):64-65,79.

[131] 左琛.平欧杂种榛在新疆的适生区区划研究[D].乌鲁木齐:新疆农业大学,2020.

第2章 地理空间数据基本理论

2.1 地理空间数据概述

2.1.1 地理空间数据的定义

地理空间数据(geospatial data)是指描述地球表面或附近位置的物体、事件或其他特征的信息。地理空间数据通常将位置信息(通常是地球上的坐标)和属性信息(有关物体、事件或现象的特征)与时间信息(位置和属性存在的时间或跨度)结合起来。[1]

2.1.2 地理空间数据的类型

地理空间数据主要分为矢量数据和栅格数据两类。

(1) 矢量数据

矢量数据由点、线和多边形表示,具体包括如下3种类型。

① 点:表示特定位置,如出入口引导点、电线杆等,具有经、纬度坐标。

② 线:表示线性要素,如道路、河流等,由一系列按特定顺序连接的点组成。

③ 多边形:表示区域,如地块、建筑物等,由多条首尾相连的线组成。

(2) 光栅数据

光栅数据是按行和列标识的像素化或网格单元,用于对地图进行地理编码并填写与地表特征相关的信息。光栅数据创建的图像要复杂得多,例如,图层和卫星图像。光栅数据包括如下5种类型。[2]

① 卫星图像:图像以光栅格式遥感和收集数据。像素中的图像值表示从地球发射并反射回收集数据的卫星传感器的光或能量。通过这种方法生成的图像可以是RGB格式的,也可以是传统黑白格式的。

---

[1] https://www.ibm.com/cn-zh/topics/geospatial-data.
[2] https://www.osgeo.cn/post/1b68d.

② 数字高程模型（DEM）：任何地形表面的计算机图形表示。借助数字高程模型技术生成的模型主要是二维和三维数据数组。数字高程模型收集的数据可以基于点，但也可以转换为栅格格式。

③ 数字正射影像：一种使用遥感技术提取的航空影像或卫星影像。这种影像形式在几何上是正确的，用于二维模型的数字化。这些正射照片的集合形成了一张大图像。

④ 二进制扫描文件：该类文件中的数据以二进制格式存储（值0和1），图像文件大多是灰度图像，由于所用像素值种类较少，数据量小、字节数小，故易于处理。

⑤ 图形文件：地图、照片和图像都可以存储为数字图形文件。常见的图形文件格式有GIF（图形交换格式）、TIFF（标记图像文件格式）、JPEG（联合图像专家组）和PNG（便携式网络图形）。

2.1.3　地理空间数据的特征

① 空间特征：空间物体的几何特征以及拓扑关系。
② 属性特征：与空间现象的属性信息相关联。
③ 时间特征：地理空间数据是动态的信息。

2.1.4　时空坐标系

高精度地理空间数据在自动驾驶、城市规划、地理信息系统（GIS）等领域中扮演着重要角色。在实际应用中，地理空间信息不仅需要包含精确的空间信息，还可能需要时间信息来描述动态变化。地理空间信息的时空坐标系通常包括以下几个方面。

（1）地理坐标系

地理坐标系（geographic coordinate system）是使用三维球面来定义地球表面位置，以实现通过经纬度对地球表面点位进行引用的坐标系[①]。它通常由经度、纬度和高程三个部分组成，经度和纬度的单位是度（°）、分（′）、秒（″），通常以十进制度数表示，范围分别是 $-180 \sim +180°$（经度）和 $-90 \sim +90°$（纬度），高程数据通常以米为单位。常见的地理坐标系包括 WGS-84 坐标系和 GCS2000 坐标系。

① WGS-84（全球大地测量系统 1984）坐标系是由美国国防部建立的一种全球地心地固坐标系统，是一个全球性的地球参考系统，被用于全球定位系统（GPS）。

② GCS2000（2000 国家大地坐标系）坐标系是中国使用的地理坐标系，其参考椭球体为 CGS2000。GSC2000 坐标系在我国的地图制作、空间分析等领域有着广泛的应用。

（2）投影坐标系

---

① 刘耀林.土地信息系统[M].3版.北京：中国农业出版社，2021.

投影坐标系是一种二维或三维的笛卡尔坐标系,它通过数学变换将地球表面的点(球面或椭球面)映射到平面上。投影坐标系通常基于一个地理基准面,如 WGS-84 或 GCS2000。常用的投影方式有通用横轴墨卡托投影(universal transverse mercator,UTM)、高斯-克吕格投影(gauss-kruger projection)等。

UTM 是一种广泛使用的地图投影系统,特别适用于全球范围内的地图制作和精确测量。UTM 投影将地球表面的地理坐标(经度和纬度)转换为平面坐标(东坐标和北坐标)。

高斯-克吕格投影又称高斯投影或高斯克吕格投影,是一种将地球表面的地理坐标(经度和纬度)转换为平面坐标(东坐标和北坐标)的方法,通过一个与地球椭球体相切的圆柱实现。

(3)时间坐标系

时间坐标系并不是一个传统意义上像地理坐标系或投影坐标系那样用于确定物理位置的坐标系,而是用来量化和跟踪时间进展的一种方式。在地图和地理信息系统(GIS)中,时间坐标系可以用于跟踪和展示地理要素随时间的变化,如人口迁移、植被生长、城市发展等;还可以用于管理具有时间属性的空间数据,如多时相的遥感影像。常用的时间坐标系有协调世界时(UTC)。国际上使用的时间标准基于原子时,通过在原子时上加上或减去秒来保持与地球自转周期一致。

2.2 高精度地理空间数据概述

2.2.1 高精度地理空间数据的定义

高精度地理空间数据(high-precision geospatial data)是通过高精度测量、采集和处理技术获得的地理空间信息。这些数据通常具有非常小的误差范围和较高的空间分辨率,能够提供非常准确的地理位置信息。这类数据通常应用于需要精确定位、建模或分析的领域,如精密工程、城市规划、自动驾驶、环境监测、地理信息系统(GIS)等。

2.2.2 高精度地理空间数据的特点

(1)精度高

高精度地理空间数据的精度通常达到厘米级,能够精确呈现道路、田地、建筑物的几何特征细节,如地表纹理、道路标线、农作物的具体分布等,而传统数据则可能只有米级别的分辨率。

(2)数据维度多

高精度地理空间数据通常由多个数据层组成,每个层级记录不同的信息。常见的层次如下。

① 道路层：记录道路的几何形状、车道线、交通标志、信号灯等信息。

② 地形层：包括地形高差、地面类型（如土壤、草地）等。

③ 环境层：涵盖树木、建筑物、田间作物等物体的三维模型。

(3) 实时性高

高精度地理空间数据不仅可以静态描述地理信息，还可以通过传感器、无人机等设备进行动态数据更新。对于智慧农场而言，实时获取农作物生长状态、土壤变化或季节性气候因素的变化是极为重要的。

(4) 环境感知精确

高精度地理空间数据支持精确的环境感知，包括农业设备的导航、田间作业规划、无人机作业等。其高精度数据可以帮助农机设备在田间精确导航，并有效规避障碍物。

(5) 机器可读性

地理空间信息的数据结构和内容可以被计算机、自动驾驶系统、农业机械等设备高效读取、处理和理解，以支持复杂的决策和控制任务。

(6) 适应特定应用场景

高精度地理空间数据的设计往往针对特定场景需求进行定制。在智慧农场中，空间数据可以涵盖农作物分布、灌溉系统、田间道路、土壤类型等特殊信息，为精准农业管理提供支持。

2.2.3 关键技术与挑战

高精度地理空间数据的生成与应用涉及多项复杂技术，同时面临着实际操作中的挑战。随着自动驾驶、智慧农场等领域对高精度地理空间数据需求的不断增加，如何高效采集、处理、更新和管理地理空间数据成为技术领域的核心问题。

1. 关键技术

(1) 数据采集技术

随着科技的发展，数据采集技术越来越多，目前常用的数据采集技术包括GNSS、RTK、激光雷达、高清摄像头、无人机和卫星遥感等，分别满足不同应用场景的需求。

① 全球导航卫星系统（GNSS）

GNSS是高精地理空间数据生成中广泛使用的定位技术之一，包含多个卫星系统，如GPS（美国）、GLONASS（俄罗斯）、北斗（中国）和Galileo（欧盟）。GNSS通过接收来自多个卫星的信号，提供全球范围的定位服务。虽然基础GNSS的定位精度约为米级，但通过差分技术（如RTK，实时动态定位技术），其定位精度可以提升到厘米级。

② 实时动态定位（RTK）

RTK是GNSS的增强形式，通过基准站和移动站的差分数据，实现厘米级精度的定位。RTK广泛用于自动驾驶车辆、精准农业等场景，以确保在动态环境下的实时高精度定位。RTK 的核心技术是载波相位差分，它通过修正卫星信号中的误差，提供极高的空间定位精度。

③ 激光雷达

激光雷达是通过发射激光脉冲并接收反射信号来精确测量物体的距离和形状，形成 3D 点云数据。激光雷达的高分辨率和广泛的视角能够捕捉环境中的复杂细节，如道路曲线、树木、建筑物等，是自动驾驶和精准农业设备的重要传感器。

④ 高清摄像头

高清摄像头广泛用于捕捉地理空间数据中的视觉信息，如车道线、障碍物等。结合图像识别算法，高清摄像头可以将拍摄的环境转换为数字信息，提供额外的环境语义信息。

⑤ 无人机和卫星遥感

无人机和卫星遥感用于大规模环境的数据采集，如智慧农业和大范围的地理信息测绘。设备能够在广阔的区域内快速获取高分辨率的图像和地形数据，为高精度地理空间数据的生成提供基础。

GNSS、RTK、激光雷达、高清摄像头、无人机和卫星遥感都是现代测绘和地理信息收集领域常用的技术。每种技术都有其各自的优点和局限性，如表 2-1 所示。

表 2-1　数据采集技术对比

数据采集技术	优点	缺点
GNSS	提供全球范围内的定位服务； 在差分 GPS(DGPS)辅助下，精度可达到厘米级	精度受天气和遮挡物影响； 容易受到电磁干扰
RTK	提供厘米级精度； 通过实时传输基站的差分信号，能够进行动态修正	依赖地面基站； 精度受遮挡物影响； RTK 设备和基站成本较高
激光雷达	适用于森林、山区等复杂地形； 能够在不同光照条件下有效工作	成本相对较高； 点云数据量大； 受天气影响
高清摄像头	成本较低； 采集和处理较为简单	受光照条件影响较大； 通常需与其他传感器结合使用
无人机和卫星遥感	可快速覆盖大面积农田，携带多种传感器（如 GNSS、高清摄像头和多光谱摄像头）	无人机飞行需要满足一定的法律和监管要求； 卫星遥感无法提供实时数据； 受天气影响

(2) 数据处理与建模技术

① 3D 点云处理

通过激光雷达生成的 3D 点云数据是高精度地理空间数据的核心信息来源之一。3D 点云处理技术包括滤波、分割、配准等步骤,用于去除噪声、识别和分类物体,并将数据整合成三维环境模型。高效的点云处理算法能大大提升地图生成的速度和精度。

② 语义分割与图像识别

语义分割是通过深度学习算法自动识别图像中的不同类别物体,如车道线、行人、建筑物、交通标志等。这种技术可以将高清摄像头采集的图像信息转化为机器可读的语义数据,用于高精度地理空间信息的多层次数据结构中。

③ 数据融合技术

高精度地理空间信息通常需要整合来自不同传感器的数据,包括激光雷达、高清摄像头、GPS 和其他传感器数据。通过多源数据融合算法,确保来自不同传感器的数据能够无缝整合,生成高精度、低误差的空间数据。

(3) 实时更新与动态地理空间数据

① 实时传感器数据融合

很多应用场景需要高精度地理空间数据具备实时性和动态性,这对数据采集和传输提出了很高的要求。例如,无人农机必须处理路况变化或障碍物的突然出现。空间数据实时更新的实现,需要通过传感器数据融合、数据处理和动态建模技术来快速更新环境信息。

② 云计算与边缘计算

为了应对大规模数据处理需求,云计算和边缘计算技术被广泛应用于高精度地理空间信息的数据更新和管理中。边缘计算可以在设备端进行初步数据处理,以减少数据传输的延迟;云计算则能够存储和处理大量的历史数据和空间信息,以确保地理空间数据能够动态更新。

(4) 数据存储与管理

① 大数据存储

高精度地理空间数据涉及海量的三维点云、图像和其他传感器数据,通常需要专业的大数据存储技术进行管理。Hadoop、NoSQL 等分布式数据库常用于存储这些大数据,并提供高效的数据检索和存取服务。

② 数据压缩与传输技术

高精度地理空间数据通常量大且复杂,传输和存储成本极高,通过数据压缩技术,可以减少冗余,提高其在自动驾驶车辆、农业机械等设备上的实时应用效率。

2. 主要挑战

(1) 高精度与实时性之间的平衡

高精度地理空间信息要求极高的精度,但同时也需要实时更新,这给数据采集和处理带来了巨大的挑战。例如,在无人农机行驶过程中,地理空间信息必须随着农机的移动和环境变化而不断更新,传感器数据的处理速度和准确性对农机的安全性至关重要。因此,如何在保证高精度的同时实现实时更新是地理空间信息生成的一个核心难题。

(2) 高成本的采集与维护

高精度地理空间数据的生成需要复杂的硬件设备(如激光雷达、高清摄像头等)和高性能的计算资源,因此成本较高。除初始的空间数据生成外,后续的维护、更新也需要投入大量的时间和资源。

(3) 动态场景中的空间数据更新

高精度地理空间信息不仅需要记录静态的地理环境信息,还需要应对动态变化的场景,如交通拥堵、田间作物的生长状态等。这类动态场景的更新需要复杂的传感器融合和算法支持,以迅速响应环境变化并提供准确的信息。

2.2.4 参照标准和规范

(1) CH/T 1013—2005《基础地理信息数字产品 数字影像地形图》

该标准由国家测绘局测绘标准化研究所起草,由国家测绘局于2005年12月7日发布,2006年1月1日实施。

该标准规定了数字影像地形图产品的分类、产品标记、技术指标和技术要求等内容。该标准适用于数字化测绘和基础地理信息更新与建库中对数字影像地形图产品的生产、质量评定及产品分发,可供用户参考使用。

(2)《无人农场 智能农机自主作业数字地图构建 技术规范》

该规范由河南科技大学的龙门实验室、第一拖拉机股份有限公司、中国农业机械化科学研究院集团有限公司、河南农业大学、河南省农业科学院农业经济与信息研究中心、洛阳智能农业装备研究院有限公司起草,由中国农业机械工业协会及中国农业机械学会发布。

该规范规定了无人农场智能化情景重建技术的术语和定义、一般性规范、技术要求、情景重建方法、数字地图性能要求和应用效果评价等内容,适用于无人农场建设的技术设计、作业实施,无人化果园也可参照使用。

本章参考文献

[1] 汪荷澄. 红枣平直及干制工艺研究分析[J]. 食品安全导刊, 2015(24): 90.

[2] 周童童, 孙晓林, 孙志忠, 等. 光谱及成像技术在果蔬损伤检测研究中的应用现状与展望[J]. 光谱学与光谱分析, 2022, 42(9): 2657-2665.

[3] IBÁÑEZ C, ACUNHA T, VALDÉS A, et al. Capillary electrophoresis in food and foodomics[J]. Methods in Molecular Biology, 2016, 1483: 471-507.

[4] GASPAR E M S M, LUCENA A F F. Improved HPLC methodology for food control-furfurals and patulin as markers of quality[J]. Food Chemistry, 2009, 114(4): 1576-1582.

[5] LIU L X, ZHANG Y, ZHOU Y, et al. The application of supercritical fluid chromatography in food quality and food safety: an overview[J]. Critical Reviews in Analytical Chemistry, 2020, 50(2): 136-160.

[6] COLOMBO R, PAPETTI A. Pre-concentration and analysis of mycotoxins in food samples by capillary electrophoresis[J]. Molecules, 2020, 25(15): 3441.

[7] BOL'SHAKOVA D S, AMELIN V G. Determination of pesticides in environmental materials and food products by capillary electrophoresis[J]. Journal of Analytical Chemistry, 2016, 71(10): 965-1013.

[8] 黄贵元, 赵海娟, 高阳, 等. 基于HS-SPME-GC-MS和电子鼻技术对干枣及其不同提取物挥发性成分分析[J]. 食品科学, 2022, 43(10): 255-262.

[9] 颜秉忠, 王晓玲. 基于计算机视觉技术大枣品质检测分级的研究[J]. 农机化研究, 2018, 40(8): 232-235, 268.

[10] 马本学, 李聪, 李玉洁, 等. 基于残差网络和图像处理的干制哈密大枣外部品质检测[J]. 农业机械学报, 2021, 52(11): 358-366.

[11] 李聪, 李玉洁, 李小占, 等. 基于机器视觉的红枣外部品质检测技术研究进展[J]. 食品工业科技, 2022, 43(20): 447-453.

[12] 朱丽娟. 基于机器视觉的红枣大小分级方法研究[J]. 科技风, 2022(25): 59-61.

[13] JU J P, ZHENG H, XU X H, et al. Classification of jujube defects in small data sets based on transfer learning[J]. Neural Computing and Applications, 2022, 34(5): 3385-3398.

[14] LUO X Z, MA B X, WANG W X, et al. Evaluation of surface texture of dried Hami Jujube using optimized support vector machine based on visual features

fusion[J]. Food Science and Biotechnology, 2019, 29(4): 493-502.

[15] ZHANG J X, MA Q Q, LI W, et al. Feature extraction of jujube fruit wrinkle based on the watershed segmentation[J]. International Journal of Agricultural and Biological Engineering, 2017, 10(4): 165-172.

[16] DING C Q, FENG Z, WANG D C, et al. Acoustic vibration technology: Toward a promising fruit quality detection method[J]. Comprehensive Reviews in Food Science and Food Safety, 2021, 20(2): 1655-1680.

[17] MAHANTI N K, PANDISELVAM R, KOTHAKOTA A, et al. Emerging non-destructive imaging techniques for fruit damage detection: Image processing and analysis[J]. Trends in Food Science & Technology, 2022, 120: 418-438.

[18] LIN Y D, MA J, WANG Q J, et al. Applications of machine learning techniques for enhancing nondestructive food quality and safety detection[J]. Critical Reviews in Food Science and Nutrition, 2023, 63(12): 1649-1669.

[19] 张保华, 李江波, 樊书祥, 等. 高光谱成像技术在果蔬品质与安全无损检测中的原理及应用[J]. 光谱学与光谱分析, 2014, 34(10): 2743.

[20] DALE L M, THEWIS A, BOUDRY C, et al. Hyperspectral imaging applications in agriculture and agro-food product quality and safety control: a review[J]. Applied Spectroscopy Reviews, 2013, 48(2): 142-159.

[21] 马本学, 应义斌, 饶秀勤, 等. 高光谱成像在水果内部品质无损检测中的研究进展[J]. 光谱学与光谱分析, 2009, 29(6): 1611.

[22] ZHU M, HUANG D, HU X J, et al. Application of hyperspectral technology in detection of agricultural products and food: a Review[J]. Food Science & Nutrition, 2020, 8(10): 5206-5214.

[23] 喻国威, 马本学, 陈金成, 等. 基于GADF变换和多尺度CNN的哈密瓜表面农药残留可见-近红外光谱判别方法[J]. 光谱学与光谱分析, 2021, 41(12): 3701.

[24] 刘立新, 李梦珠, 赵志刚, 等. 高光谱成像技术在生物医学中的应用进展[J]. 中国激光, 2018, 45(2): 207017.

[25] PASCUCCI S, PIGNATTI S, CASA R, et al. Special issue "hyperspectral remote sensing of agriculture and vegetation"[J]. Remote Sensing, 2020, 12(21): 3665.

[26] 郝慧慧, 邱雪, 张海红, 等. 灵武长枣贮藏过程中细胞壁降解及多糖结构的变化[J]. 中国食品学报, 2022, 22(9): 199-207.

[27] WANG N L, ZENG X Y. Hyperspectral data classification algorithm considering

spatial texture features[J]. Mobile Information Systems,2022,2022(1):9915809.

[28] ZHAO Y Y, ZHANG C, ZHU S S, et al. Shape induced reflectance correction for non-destructive determination and visualization of soluble solids content in winter jujubes using hyperspectral imaging in two different spectral ranges[J]. Postharvest Biology and Technology,2020,161:111080.

[29] 丁佳兴,吴龙国,何建国,等.高光谱成像技术对灵武长枣果皮强度的无损检测[J].食品工业科技,2016,37(24):58-62,68.

[30] SU W H, SUN D W, HE J G, et al. Variation analysis in spectral indices of volatile chlorpyrifos and non-volatile imidacloprid in jujube (Ziziphus jujuba Mill.) using near-infrared hyperspectral imaging (NIR-HSI) and gas chromatograph-mass spectrometry (GC－MS)[J]. Computers and Electronics in Agriculture,2017,139:41-55.

[31] 余克强,赵艳茹,李晓丽,等.基于高光谱成像技术的鲜枣裂纹的识别研究[J].光谱学与光谱分析,2014,34(2):532-537.

[32] WANG J, NAKANO K, OHASHI S. Nondestructive evaluation of jujube quality by visible and near-infrared spectroscopy[J]. LWT - Food Science and Technology,2011,44(4):1119-1125.

[33] WANG S M, SUN J, FU L H, et al. Identification of red jujube varieties based on hyperspectral imaging technology combined with CARS-IRIV and SSA-SVM [J]. Journal of Food Process Engineering,2022,45(10):e14137.

[34] QI Z X, WU X H, YANG Y J, et al. Discrimination of the red jujube varieties using a portable NIR spectrometer and fuzzy improved linear discriminant analysis [J]. Foods,2022,11(5):763.

[35] 刘明涛.基于机器视觉图像与近红外光谱的新疆蟠桃品质分析研究[D].乌鲁木齐:新疆农业大学,2018.

[36] TULAPURKAR H, BANERJEE B, BUDDHIRAJU K M. Multi-head attention with CNN and wavelet for classification of hyperspectral image[J]. Neural Computing and Applications,2023,35(10):7595-7609.

[37] LI Y J, MA B X, LI C, et al. Accurate prediction of soluble solid content in dried Hami jujube using SWIR hyperspectral imaging with comparative analysis of models[J]. Computers and Electronics in Agriculture,2022,193:106655.

[38] 郑素慧,葛清华,车凤斌,等.气调贮藏不同温度对新疆骏枣干枣贮期品质及生理活性的影响[J].新疆农业科学,2014,51(4):620-626.

[39] YUAN R R, LIU G S, HE J G, et al. Classification of Lingwu long jujube internal bruise over time based on visible near-infrared hyperspectral imaging combined with partial least squares-discriminant analysis[J]. Computers and Electronics in Agriculture, 2021, 182: 106043.

[40] 龙家美, 费倩雯, 曾艳, 等. 基于高光谱成像技术检测干制红枣 V_C 和总糖含量[J]. 食品工业科技, 2021, 42(15): 269-275.

[41] SUN Y, WANG Y H, XIAO H, et al. Hyperspectral imaging detection of decayed honey peaches based on their chlorophyll content[J]. Food Chemistry, 2017, 235: 194-202.

[42] 孙雅丽, 虎海防, 古丽江·许库尔汗. 不同贮藏温度对干制库尔勒骏枣货架期品质的影响[J]. 北方园艺, 2016(9): 137-140.

[43] 曹建康, 姜微波, 赵玉梅. 果蔬采后生理生化实验指导[M]. 北京: 中国轻工业出版社, 2007.

[44] 王鑫, 李雅丽, 马芙俊, 等. 红枣发酵饮料的研制及电子感官技术在其货架期评定中的应用[J]. 食品与发酵工业, 2020, 46(5): 140-146.

[45] WARURU B K, SHEPHERD K D, NDEGWA G M, et al. Estimation of wet aggregation indices using soil properties and diffuse reflectance near infrared spectroscopy: an application of classification and regression tree analysis[J]. Biosystems Engineering, 2016, 152: 148-164.

[46] WIELAND G D, SAYRE J. Logistic regression[J]. Journal of the American Geriatrics Society, 1987, 35(6): 596-597.

[47] DIVYA R, SHANTHA SELVA KUMARI R, the Alzheimer's Disease Neuroimaging Initiative. Genetic algorithm with logistic regression feature selection for Alzheimer's disease classification[J]. Neural Computing and Applications, 2021, 33(14): 8435-8444.

[48] BERAN J, FENG Y, HEBBEL H. Empirical Economic and Financial Research: Theory, Methods and Practice[J]. Advanced Studies in Theoretical & Applied Econometrics, 2015, 48: 51-66.

[49] 尹建杰. Logistic 回归模型分析综述及应用研究[D]. 哈尔滨: 黑龙江大学, 2011.

[50] 李欣海. 随机森林模型在分类与回归分析中的应用[J]. 应用昆虫学报, 2013, 50(4): 1190-1197.

[51] CUTLER A, CUTLER D R, STEVENS J R. Random Forests[M]//ZHANG C, MA Y. Ensemble Machine Learning: Methods and Applications. Boston,

MA; Springer US. 2012, 34: 157-175.

[52] PLATT J. Sequential minimal optimization: A fast algorithm for training support vector machines[J]. 1998.

[53] KUO B C, HO H H, LI C H, et al. A kernel-based feature selection method for SVM with RBF kernel for hyperspectral image classification[J]. IEEE Journal of Selected Topics in Applied Earth Observations and Remote Sensing, 2014, 7(1): 317-326.

[54] 鞠薇, 鲁昌华, 张玉钧, 等. 集成学习结合波长选取的有机物红外光谱定量回归方法研究[J]. 光谱学与光谱分析, 2023, 43(1): 239-247.

[55] LECUN Y, BOTTOU L, BENGIO Y, et al. Gradient-based learning applied to document recognition[J]. Proceedings of the IEEE, 1998, 86(11): 2278-2324.

[56] KRIZHEVSKY A, SUTSKEVER I, HINTON G E. ImageNet classification with deep convolutional neural networks[J]. Communications of the ACM, 2017, 60(6): 84-90.

[57] HE K M, ZHANG X Y, REN S Q, et al. Deep residual learning for image recognition[C]//2016 IEEE Conference on Computer Vision and Pattern Recognition (CVPR). June 27-30, 2016, Las Vegas, NV, USA. IEEE, 2016: 770-778.

[58] SMITH L I. A Tutorial on Principal Components Analysis[J]. Information Fusion, 2002, 51: 52.

[59] LAURENS V D M, HINTON G. Visualizing Data using t-SNE[J]. Journal of Machine Learning Research, 2008, 9(2605): 2579-2605.

[60] HINTON G, ROWEIS S. Stochastic Neighbor Embedding[J]. Advances in neural information processing systems, 2003, 15(4): 833-840.

[61] 李鸿博, 曹军, 蒋大鹏, 等. t-SNE 降维的红松籽新旧品性近红外光谱鉴别[J]. 光谱学与光谱分析, 2020, 40(9): 2918-2924.

[62] ZHANGJ K, RIVARD B, ROGGE D M. The successive projection algorithm (SPA), an algorithm with a spatial constraint for the automatic search of endmembers in hyperspectral data[J]. Sensors, 2008, 8(2): 1321-1342.

[63] ABDI H, WILLIAMS L J. Partial least squares methods: partial least squares correlation and partial least square regression[J]. Methods Mol Biol, 2013, 930: 549-579.

[64] ALTMAN M, LEWISBECK M, BRYMAN A E, et al. Encyclopedia of Social

Science Research Methods[J]. 2004, 12: 134-145.

[65] LI Z P. A saliency map in primary visual cortex[J]. Trends in Cognitive Sciences, 2002, 6(1): 9-16.

[66] SIMONYAN K, VEDALDI A, ZISSERMAN A. Deep inside convolutional networks: Visualising image classification models and saliency maps[J]. arXiv preprint arXiv: 1312. 6034, 2013.

[67] WANG H L, PENG J Y, XIE C Q, et al. Fruit quality evaluation using spectroscopy technology: a review[J]. Sensors, 2015, 15(5): 11889-11927.

[68] FERRARI C, FOCA G, ULRICI A. Handling large datasets of hyperspectral images: Reducing data size without loss of useful information[J]. Analytica Chimica Acta, 2013, 802: 29-39.

第二部分　高精度地理空间数据生产流程

第 3 章　需求分析与设备选型

3.1　高精度地理空间数据在智慧农场中的典型应用场景

随着智慧农业的快速发展,高精度地理空间数据在农场管理中发挥着重要作用。通过利用卫星遥感、无人机影像、GNSS、激光雷达等技术,智慧农场能够实现作业自动化、精准耕作、资源高效管理等目标,极大提升农业生产的效率与效益。下面列举高精度地理空间数据在智慧农场中的几个典型应用场景。

1. 作业自动化与无人农机管理

高精度地理空间数据与自动驾驶技术结合,实现了无人农机。无人农机通过搭载 GNSS 和激光雷达等传感器,利用高精度地理空间数据准确导航,实现耕作、收割等自动化操作。例如,配备高精度地理空间数据的无人农机能够实现高效、精准的耕作和收割操作,避免了传统手动操作中可能出现的重叠作业和遗漏区域。高精度地理空间数据与无人机技术结合,还可以用于农药喷洒、施肥等作业。无人机基于精确的地形信息和作物分布图,可以实现按需喷洒农药,在提高作业效率的同时减少农药使用量。

2. 精准耕作管理

高精度地理空间数据能够为精准播种、施肥、喷洒农药等环节提供支持。通过 RTK-GNSS 和无人机技术生成的高精度地理空间数据,农民可以明确农田的地形、作物生长状态和土壤质量差异,实现基于地块和作物需求的精确操作。例如,高精度地理空间数据可以帮助农民识别土壤的不同特性(如湿度、养分含量等),农民可以根据这些信息进行差异化施肥和灌溉,避免过量使用肥料和水资源,这不仅提高了生产效率,还减少了环境污染。此外,利用高精度地理空间数据和无人农机播种时,农机可以按照预定路径和间距进行,确保每一颗种子都处于最佳生长位置,提高作物的产量和质量。

3. 土地管理与资源规划

通过遥感数据与三维地形模型,农民可以准确评估土地的坡度、排水情况,以及土壤质量等,从而制订合理的土地利用和作物布局计划。例如,基于高精度地理空间数据,农场可以将大片土地划分为多个精细化管理单元,根据不同区域的土壤条件和地形,合理安排作物种植和作业计划。同时,高精度地理空间数据还能帮助农民分析土地和水资源的使用情况,实现资源的最优化配置。通过精确的灌溉和施肥管理,减少资源浪费,提升农业的可持续发展水平。

4. 作物监控与健康管理

利用无人机和卫星,高精度地理空间数据能够显示作物的健康状态、病虫害分布和生长阶段,以帮助农民及时发现问题并采取措施。例如,无人机通过搭载多光谱摄像头,结合高精度地理空间数据,能够实时监测农田中作物的健康状态。地图上会显示不同地块的作物生长情况,农民可以基于此制定精准的作物管理策略,及时处理病虫害或营养不足等问题。农民还可以监测病虫害的早期迹象,并根据地图显示的具体位置进行定向施药,避免大面积使用农药,既节约成本又减少对环境的破坏。

5. 农机作业监控及数据分析

高精度地理空间数据不仅可以帮助农民进行实时的农场管理,还能记录每个作业环节的详细信息,形成历史作业数据,用于未来的决策与分析。每一台自动化设备的作业路径、作物处理过程等都可以通过高精度地理空间数据记录下来。农民可以通过这些数据查看耕作、施肥、喷药等作业是否按计划执行,并对异常情况做出快速调整。历史作业数据可以帮助农民进行长期的产量分析、土壤肥力评估以及气候条件对作物影响的预测。通过对多年的数据进行分析,农场可以不断优化种植计划和作业方式,提高整体收益。

3.2　高精度地理空间数据的性能与精度

高精度地理空间数据的性能与精度是其在各种应用场景中发挥作用的关键因素。随着无人驾驶、智慧农业、城市规划等领域对地理空间数据的依赖日益增强,确保地理空间数据的高精度、高性能和实时更新显得尤为重要,不同应用领域对地理空间数据的性能和精度要求不同。无人驾驶系统对精度和实时性要求极高,故其地图必须具备极低延迟和极高精度。农业应用领域虽然对地理空间数据的实时性要求相对较低,但仍需保证地理空间数据的准确性和可用性,以便进行有效的资源管理和作业计划。在智慧农业领域进行需求分析时,根据不同应用场景选择精度标准、数据更新频率、数据处理能力、系统稳定性与可靠性等不同指标。

1. 定位精度

高精度地理空间信息通常要求定位精度达到厘米级,这对于无人农机和精准农业等应用尤为关键,具体指标如下。

(1)厘米级定位

无人农机自主作业需要实时了解自身与周围环境的准确位置,以确保安全导航。在无人驾驶领域通常要求定位精度为 1~10 cm,在智慧农业领域通常要求定位精度为 5~10 cm。

(2) 相对精度

在需要对不同对象进行相对位置判断时,要求高精度地理空间数据中各对象之间的相对位置误差应小于 5 cm。

2. 几何精度

(1) 地形与地物的真实度

地理信息中地物(如道路、建筑、农田等)的形状和位置必须与实际环境高度一致。

(2) 点云数据精度

激光雷达等传感器生成的点云数据应具有高密度和低噪声,以确保三维模型的准确性。

3. 数据更新频率

高精度地理空间数据的实时性在于其数据更新的频率,尤其是在动态环境中。主要包含实时更新和定期维护两种。

(1) 实时更新

在无人农机场景中,地图应具备快速更新的能力,以反映道路的变化(如交通标志的变更、石头的出现等)。理想情况下,地图更新频率应达到每秒更新数次。

(2) 定期维护

在智慧农业中,定期更新非常重要。建议每季度或每年进行一次全面的地理空间数据审核与更新,以确保时效性和准确性。

4. 数据处理能力

高精度地理空间数据的生成与应用需要强大的数据处理能力,以满足以下需求。

(1) 海量数据处理

地理空间信息涉及大量的点云数据、影像数据和传感器数据,要求系统具备高效的数据处理能力,能够快速完成数据清洗、特征提取和融合处理。

(2) 实时计算能力

在无人农机等场景中,系统需要实时处理传感器输入的数据,并与地理空间数据进行比对和更新,这对计算能力提出了极高的要求。

5. 系统稳定性与可靠性

高精度地理空间信息的使用环境复杂多变,因此,其系统的稳定性和可靠性也至关重要。

(1) 稳定性

系统应具备高稳定性,能够在各种气候条件、地形变化和信号干扰下正常工作,以确保空间信息的准确性。同时,对外服务接口需要保持稳定访问,以保证地理空间数据的实时获取。

(2) 冗余机制

为提高系统的可靠性,应设计冗余机制。例如,采用多源数据融合和多传感器系统,以确保在某一传感器故障时仍能保持定位精度。

3.3 项目目标与需求分析

开发一套高精度地理空间数据系统并将其应用于智慧农场是一项复杂的任务,需要综合考虑项目的实际情况,包括功能需求、技术需求及性能需求(性能需求可参考3.2节)。下面是智慧农场领域高精度地理空间数据常见的一些功能和技术需求。

1. 功能需求

(1) 高精度数据采集

确定农场的地理范围、地形复杂度、植被覆盖情况,以及预期的地理空间数据更新频率;分析农场内不同区域的具体需求,如作物种植区、灌溉系统、农机作业区等;选择或融合合适的数据采集技术,也可以横向对比考虑不同技术在不同天气、光照条件及地理环境下的性能和可靠性。常用的数据采集技术包括 GNSS、激光雷达、高清摄像头等,能够提供厘米级精度的位置信息。根据农场面积、地理环境及项目进度经费等,还需确定使用无人机、卫星遥感还是车载系统等方式完成采集。

(2) 图层及要素设计

明确地理空间数据的主要用途,如支持无人农机导航、作物监测、资源管理等。调研不同用户群体(如农场管理者、农机操作员、农业规划师)的需求,了解他们希望通过地理空间数据获取哪些信息。对每个图层中的地图要素进行详细定义,具体如下。

① 地理要素,如田块、道路、出入口、机井等的位置、形状和尺寸;

② 属性信息,如作物类型、灌溉状态、设施功能等的描述性信息;

③ 要素类型,包括点、线、面,如使用面表达地块;

④ 符号和颜色,为不同要素设计易于区分的符号和颜色。

(3) 实时数据处理与更新

深入分析农场运营中对高精度地理空间数据的具体需求,明确地理空间信息准确性和实用性的要求,根据使用场景的紧急程度和变化速度精确设定不同数据层的更新频率,以更新频率和数据量确定系统所需具备的实时数据处理能力。

(4) 数据存储与发布

高精度地理空间信息的数据通常存储在云端数据库中,支持多平台访问,包括 Web 和移动应用。数据可以采用关系型数据库,根据不同数据类型(如矢量、栅格)进行分类存储,以提高查询效率。地理空间信息分为多个图层(如地形、道路、建筑物等),每个图层可独立更新和管理,便于用户自定义显示内容。服务通过 API 提供,兼容多种设备和操作系统,确保无缝体验。

(5) 交互界面与接口访问

界面设计满足易用性,确保用户无须专业技术背景也能够轻松查看最新地理空间数据,并根据需要进行定制化更新展示,包括图层选择、透明度调整和视图缩放等,还可以提供一系列交互式工具,如测量工具、标注工具和路径规划工具。为了满足不同平台和应用程序的数据访问需求,系统需开发标准化的应用程序接口(API),允许第三方应用程序轻松访问地理空间数据。交互界面还需设置安全措施,包括身份验证和授权机制,以保护数据不被未授权访问。接口能够处理高并发请求,确保快速响应的时间。

(6) 作物与环境监测

根据项目范围确定系统是否提供作物生长状态、病虫害监测、产量预估、作物轮作规划、精准灌溉等功能,以支持精准农业决策。通过高清遥感影像和图像处理技术,系统能够实时监测作物的生长状态,包括生长速度、生物量和健康状况,还可通过分析作物光谱反射特征和模式识别算法,让农民能够及早发现病虫害迹象,并及时采取防治措施。此外,通过分析作物生长数据和历史产量数据,系统能够提供准确的产量预估,帮助农民进行市场规划。

2. 技术需求

(1) 高效的数据处理能力

为生成高精度地理空间数据,系统可利用高性能计算集群和优化的并行处理算法,快速处理大规模的点云和影像数据。如果对地理空间数据更新频率有较高要求,系统还需采用计算机视觉和机器学习技术,该技术能够自动化地从遥感影像中提取关键特征,如作物边界、道路和水体等地物。为确保能够存储和备份大量的高精度地理空间数据,系统应采用可扩展的存储系统。

(2) 多平台多权限支持

根据需求,确定系统是否需要支持多种平台(如 Web、移动设备)。系统界面可采用响应式设计,确保无论是 Web 浏览器、智能手机,还是平板电脑,用户都能获得优化的访问体验。系统采用加密技术保护数据在不同平台间传输的安全,防止数据泄露或被未授权访问。无论在哪个平台,系统提供的用户功能和操作界面都保持一致,从而降低用户的学习成本,提高使用效率。系统还可提供权限管理功能,允许管理员根据用户的角色和需求分配其不同的访问权限。

为完成项目示范区北测区和南测区共约 3.9 万亩农场测绘任务。经需求分析及实地勘察,我们发现需标记基础底图、田块、道路(线形)、道路(多边形)、出入口、出入引导点、机井、泵房、建筑物、电线杆、输电线路、出水桩、闸阀井、水渠、蓄水池、林带等多个田间基础要素。该高精度地理空间信息主要服务于智慧农场无人农机自主作业,结合分区的地形条件、测图等高距及基高比关系,综合考虑成本、效率、效果等因素,将精度误差控制在±2.5 cm 范围内。

3.4 项目需求分析案例

本节以"智慧农场关键技术集成应用示范"项目的子课题"农场高精地图数据系统建设"为例进行需求分析,下面是需求分析报告。

《农场高精地图数据系统建设》项目需求分析报告

一、项目背景

随着物联网、大数据、人工智能等技术的快速发展,智慧农业已成为现代农业发展的重要方向。本报告聚焦于"智慧农场关键技术集成应用示范"项目中的农场高精地图数据系统建设部分。测区共分为两个区域,其中,北测区约 20 000 亩,南测区约 19 000 亩,总面积约 39 000 亩,合计 26 km^2。测区内主要为农田,整体地势平缓,地形起伏较小,整体地势西南高东北低,海拔标高 470~490 m。

二、项目需求分析

1. 时空坐标系

数字影像地形图产品的平面坐标系、高程基准按 GB/T 18315—2001 执行。大地坐标系应采用 CGCS2000,单位为度,数值保留小数点后 16 位。采用依法批准的相对独立的平面坐标系统时,应与 CGCS2000 建立转换关系。高程基准应采用 1985 国家高程基准,单位为米,数值保留小数点后 4 位。时间基准采用 UTC,若采用北京标准时间(BST)需考虑时差区与 UTC 进行换算。

2. 高精度地理空间数据构建需求

① 测绘范围:涵盖北测区和南测区共计约 3.9 万亩的农场区域。

② 测绘精度:为确保无人农机自主作业的精准性,数据精度需控制在±2.5 cm 范围内。

③ 测绘要素:详细标记基础地图、田块边界、线形道路、多边形道路(如大型灌溉渠)、出入口位置、出入引导、机井、泵房、各类建筑物(如仓库、管理用房)、电线杆、输电线路、出水桩、闸阀井、水渠、蓄水池、林带等 16 类田间基础要素。

3. 技术应用需求

① 航空测绘技术：因农场面积较大且地势平缓，故利用航测仪搭载高清相机进行空中拍摄，所获取的影像为可进行立体测量的真彩色数字影像。

② GIS 数据处理：将无人机采集的数据导入 GIS 系统，进行精确的空间位置校正、数据清洗、图层设计、要素标注等。按 5 cm 地面分辨率进行设计，影像数据满足 1∶500 比例尺的正射影像图（DOM）的成图精度要求。

③ 数据存储与更新：建立数据更新机制，确保地理空间信息的时效性和准确性。根据功能，如无特殊要求，一年更新一次图层和要素。根据不同的平台需求设计数据表，采用数据库存储历史及当前数据。

④ 访问接口设计：定义 HTTP 接口，用于从服务器请求地理空间数据。

4. 服务智慧农场需求

① 支持无人农机自主作业：高精度地理空间数据作为无人农机导航系统的基础，需确保农机能够按照预设路径精准作业，满足准确度和精度要求。

② 优化资源配置与管理：通过地理空间数据，实现地块耕种管收全环节管理，满足耕地仿真、水肥投放等功能需求。

③ 环境监测与预警：结合物联网传感器数据，实时监测农场环境（如土壤湿度、气温、风速等），及时发现并预警潜在问题，保障作物健康生长。

三、项目实施方案

① 前期准备：进行详细的需求分析与实地勘察，明确测绘区域、精度要求及所需测绘要素；准备航摄仪、GIS 软件、数据库等硬件设备与软件资源。

② 数据采集与精度验证：根据技术设计，利用航摄仪进行农场区域的影像数据采集，利用 RTK 测量仪验证精度是否满足 5 cm。

③ 数据处理：将采集的影像数据导入 GIS 系统，根据图层分配任务，进行数据处理，构建农场高精度地理空间数据。

④ 数据存储：选择数据库，将处理后的空间数据存储到数据库中。

⑤ 接口设计：分析需求，设计不同图层的服务地址。

⑥ 系统集成与测试：集成至智慧农场平台，供用户及其他平台使用。

⑦ 示范推广：根据测试结果，优化完善系统，形成可复制、可推广的智慧农场高精度地理空间数据构建及应用示范模式。

四、预期成果

① 一套高精度地理空间数据，包含底图和不同要素图层共 16 个。

② 接口文档说明书。

③ 数据库设计文档。

④ 高精度地理空间数据构建技术指南。

3.5 设备选型

3.5.1 参照标准和规范

(1) CH/T 3006—2011《数字航空摄影测量 控制测量规范》

该标准与《数字航空摄影规范》、《惯导与全球定位系统(IMU/GPS)辅助航空摄影技术规范》、GB/T 23236《数字航空摄影测量 空中三角测量规范》、CH/T 3007《数字航空摄影测量 测图规范》共同构成支撑数字航空摄影测量工作的系列标准。

该标准由国家测绘地理信息局测绘标准化研究所、国家测绘地理信息局第一大地测量队、国家测绘地理信息局第三航测遥感院、西安三石软件有限责任公司起草,由国家测绘地理信息局于2011年11月15日发布,2012年1月1日实施。

该标准规定了基于框幅式航空摄影的数字航空摄影测量生产中控制测量的基本要求、像片控制点(像控点)的布设要求、像控点测量的作业方法和技术要求。

该标准适用于基础地理信息数字成果1∶500、1∶1 000、1∶2 000、1∶5 000、1∶10 000、1∶25 000、1∶50 000、1∶100 000数字高程模型、数字正射影像图、数字线划图应用数字摄影测量生产方法在控制测量阶段的生产作业。基于推扫式航空摄影的控制测量可参照该标准执行。

(2) CH/Z 3002—2010《无人机航测系统技术要求》

该标准由中国测绘科学研究院、北京航空航天大学、贵州省第三测绘院起草,由国家测绘局于2010年8月24日发布,2010年10月1日实施。

该标准规定了无人机航摄系统的基本构成和设备的技术要求,适用于以固定翼轻型无人机为飞行平台、以数码相机为任务设备,能用于测绘成果生产的无人机航摄系统的选型,旋翼轻型无人机航摄系统、无人飞艇航摄系统的选型。系统设备的设计和生产可参照该标准执行。

(3) T/NTRPTA 0030—2020《无人机精准测绘技术规范》

该标准由南通市农村专业技术协会、南通市通州区田梦粮食种植专业合作社、南通市通州区作物栽培技术指导站、南通市通州区农业机械化技术推广站、南通市通州区农机排灌管理所、南通市通州区农业机械技术学校、南通市通州区植物保护站、南通市农业新技术推广协会起草,由南通市农村专业技术协会于2020年8月1日发布,2020年9月1日实施。

该标准规定了无人机精准测绘的环境要求、测绘装备、测绘参数设置、测绘、测绘数据处理、作业路线和记录。该标准适用于无人机作业时的路线精准规划，以及村镇、城市建设中土地面积、建筑物体积、土方等测绘，为工程预算提供数据支撑。

（4）GB/T 39616—2020《卫星导航定位基准站网络实时动态测量(RTK)规范》

该标准由中华人民共和国自然资源部提出，由自然资源部测绘标准化研究所、浙江省测绘质量监督检验站、中国测绘科学研究院、国家基础地理信息中心、福建省测绘院、武汉大学、自然资源部大地测量数据处理中心、自然资源部重庆测绘院起草。

该标准规定了卫星导航定位基准站网络实时动态测量(RTK)技术实施控制测量、地形测量的参考基准、基本要求，以及外业观测、数据处理和检测的技术要求和方法。该标准适用于相应等级的卫星导航定位基准站网络实时动态测量。利用单一基准站、多基准站进行实时动态测量可参照该标准执行。

本书中的项目使用网络RTK，其中网络RTK流动站的基本技术遵循标准中提出的要求如下。

① 在有效服务区域内进行；

② 获取系统服务的授权；

③ 设置工作所需的时间系统、坐标系统、投影方式、坐标转换关系等，观测开始前应对仪器进行初始化，并得到固定解，当长时间不能获得固定解时，宜重新获取服务，再次进行初始化操作；

④ 每测回观测之间应重新初始化；

⑤ 作业过程中，如出现固定解丢失，应重新初始化；

⑥ 天线高度设置与天线高的量取方式应保持一致；

⑦ 不宜在隐蔽地带、成片水域和强电磁波干扰源附近观测。

（5）CH/T 2009-2010《全球定位系统实时动态测量(RTK)技术规范》

该标准由浙江省测绘局、国家测绘局重庆测绘院起草，由国家测绘局于2010年3月1日发布，2010年5月1日实施。

该标准规定了利用全球定位系统实时动态测量(RTK)技术实施平面控制测量和高程控制测量、地形测量的技术要求、方法。RTK平面和高程控制测量适用于布测外业数字测图和摄影测量与遥感的基础控制点，RTK地形测量适用于外业数字测图的图根测量和碎部点数据采集。其他相应精度的定位测量可参照该标准执行。

3.5.2 航摄仪

航摄仪要根据测图方法、仪器设备、比例尺和测图精度等要求综合选择。根据标准

GB/T 6962—2005，航摄仪的基本性能不应低于表 3-1 的基本要求。

表 3-1　航摄仪的基本要求

项目	要求
像幅	230 mm×230 mm
焦距	85～310 mm
有效使用面积内镜头分辨率	每毫米内不少于 25 线对
径向奇变差	焦距大于 90 mm 时，不大于 0.015 mm 焦距小于或等于 90 mm 时，不大于 0.02 mm
曝光时间	1/1 000～1/100 s
色差校正范围（波长）	400～900 nm

无人机也并不总是一个项目的最佳测绘工具，在决定是否使用无人机、卫星或其他测绘工具之前，测绘人员必须了解项目的需求、预算和时间框架。表 3-2 列出了选择采集工具时需要考虑的一些关键因素。

表 3-2　选择测绘工具的关键因素

指标	卫星	飞机	无人机
一天覆盖的大致面积/km^2	10 000	750	10～25
细节级别成本/10km^2	30～50 cm/像素	>6～30 cm/像素	3～10 cm/像素
部署时间/100 万平方千米	24 小时～1 周	3 天	24 小时（已获取飞行许可）
部署难度	简单	中等	简单
是否被云层遮挡	是	取决于海拔	否
是否被风阻挡	否	是	是
监管情况	低	中等～高	高

注：信息来源为无人机测绘技术指南[①]。

以项目华兴农场示范区为例，该农场采集面积广泛，同时对数据精度和采集时间有着严格的要求。在综合评估了成本效益和时间效率之后，测绘人员决定采用无人机作为主要的测绘工具。相比于传统的卫星或有人飞机，无人机在农场高精度地理空间数据采集方面具有显著的优势。首先，无人机成本效益更高，无须承担昂贵的发射和维护费用，使得测绘人员能够以较低的成本获取高质量的地理空间数据。其次，无人机可以快速部署，按需采集数据，受天气和地面条件的限制相对较小，能够实时或近实时地提供地理信息。

---

① World Bank and Humanitarian OpenStreetMap Team (2019). nical Guidelines for Small island Mapping with UAVs. Washington, DC. License：Creative ComAttribution CC BY 4.0. Table of Contents

此外，无人机还具备高度的灵活性和机动性，可以根据需要进行定制化配置和编程，实现自动化飞行和数据采集。这使得无人机能够适应不同规模和类型的农场，满足多样化的数据采集需求。

通过在无人机上搭载高清相机、激光雷达等遥感设备，测绘人员能够获取高分辨率且高精度的影像数据，为农场提供准确、真实的地面视图和三维地形模型。无人机以其成本效益高、快速部署、灵活机动的特点，成为智慧农业管理和规划中不可或缺的工具。

通过无人机采集的影像，可以进一步处理生成正射影像（orthophoto），这是一种经过几何校正和拼接的影像，能够消除由于地形起伏和相机倾斜引起的失真。正射影像不仅可用于农场的规划和管理，还可以用于监测作物生长情况、评估病虫害影响等，为农民提供决策支持。除了高清相机，无人机还可以搭载激光雷达（LiDAR），以获取更加丰富的空间信息。激光雷达通过发射激光脉冲并测量其返回时间，可以精确测量地面高程和物体形状，生成高精度的三维地形模型。

目前无人机种类多样，使用者可从采集目的、当地法规、时间成本、技术要求等方面选型。无人机的选择非常重要，它会影响到测量的区域、工作时长、操作的区域、数据质量等。无人机的选择最终只关注一个问题：哪个无人机可以携带收集数据所需的传感器。为了确保项目顺利进行，充分调研无人机是非常关键的步骤。表 3-3 为智慧农业测绘领域常用无人机的技术参数对比。

表 3-3 常用无人机的技术参数

无人机型号	最大可倾斜角度/(°)	最大飞行时间/min	最大起飞重量/g	最大水平飞行速度/(m·s^{-1})	抗风性/(m·s^{-1})
DJI Mavic 3M	30	43	1 050	15	12
极飞 M500	20	45	2 059	10	5.5～7.9
DJI Air 3	35	46	720	21	12
DJI Mavic 2 Pro	35	31	907	20	8.0～10.7

注：数据来自供应商汇编的产品参数，部分数据没有通过计算得到。

以项目华兴农场示范区为例，该项目基于示范区约 39 000 亩的大面积影像数据采集需求、技术参数要求和项目预算，选择了大疆 DJI Mavic 3M 航测无人机实施农场数据采集。该航测无人机于 2022 年 11 月 23 日发布，融合可见光相机与多光谱相机于一体。Mavic 3M 的影像系统集成了 1 个 2 000 万像素的可见光相机及 4 个 500 万像素的多光谱相机（绿光、红光、红边和近红外）。Mavic 3M 搭配 RTK 模块，实现厘米级高精度定位。无人机实物如图 3-1 所示。DJI Mavic 3M 飞行器技术参数、可见光技术参数、多光谱相机技术参数、云台技术参数、感知技术参数、电池技术参数及 RTK 技术参数见附录 B。

图 3-1　DJI Mavic 3M 实物图

3.5.3　RTK 测量仪

　　RTK(real time kinematic)测量技术是全球卫星导航定位技术与数据通信技术相结合的载波相位实时动态差分定位技术,能够实时地提供测站点在指定坐标系中的三维定位结果。RTK 测量采用 2000 国家大地坐标系(CGCS 2000),提供厘米级甚至毫米级的定位精度,适用于需要高精度位置信息的场合。例如,在地图制作和遥感数据校正中,RTK 测量仪可以用于地面控制点的精确测量;在精准农业中,RTK 测量仪可以用于农田边界的精确划定、作物种植和收获的精确导航;在自然灾害发生后,RTK 测量仪可以用于快速评估灾害影响和地形变化;在隧道施工和矿山测量中,RTK 测量仪能够提供精确的地下定位信息。

　　为了校正和验证无人机采集的农场影像数据是否满足项目所需的 ±2.5 cm 精度,在航空摄影测量中,地面控制点是必不可少的。RTK 测量技术提供了厘米级甚至毫米级的定位精度地面控制点,用于确保地理空间信息与实际地形的一致性。表 3-4 为智慧农业领域基于国产卫星数据的常用 RTK 的技术参数对比。

表 3-4　常用 RTK 的技术参数

RTK 型号	RTK 精度/mm	卫星系统
千寻星矩 SR3 Pro	水平:$\pm(8+1\times10^{-6}D)$ 垂直:$\pm(15+1\times10^{-6}D)$	支持北斗全体制信号
华测 i93Pro	水平:$\pm(8+1\times10^{-6}D)$ 垂直:$\pm(15+1\times10^{-6}D)$	支持北斗三代

注:数据来自供应商汇编的产品参数。

以项目华兴农场示范区为例,该项目经对比选择了千寻星矩 SR3 Pro,该 RTK 测量仪集成千寻知寸 FindCM(5 星 16 频)服务的北斗高精度接收机产品,整体采用了经过充分验证的先进生产制造工艺,具备多系统多频卫星信号跟踪、多链路数据通信、智能语音提示和电源管理等技术特性,品质优异、工作稳定可靠。同时,SR3 Pro 配备了工业级三防安卓手簿 HC3,专为野外高强度工作而设计的手持移动终端,采用了 4.3 寸卡西欧高清显示大屏,内置 4G 全网通和不可拆卸锂电池,保障了 10 h 以上的作业时间,采用了高通工业级处理器,配备安卓 9.0 系统,整机坚固可靠。千寻星矩 SR3 Pro 的实物如图 3-2 所示。

图 3-2 千寻星矩 SR3 Pro 测量仪

千寻星矩 SR3 Pro 的 GNSS 技术参数如表 3-5 所示。

表 3-5 SR3 Pro 的 GNSS 技术参数

技术参数	数值
通道数	800
跟踪特性	BDS:B1I,B2I,B3I,B1C,B2a,B2b,ACEBOC GPS:L1C/A,L1P,L1C,L2P,L2C,L5 GLONASS:G1,G2,G3 Galileo:E1BC,E5a,E5b,ALTBOC,E6 QZSS:L1C/A,L2C,L5,L1C,LEX SBAS:L1C/A,L5
静态精度	水平:$\pm(2.5+0.5\times10^{-6}D)$mm 垂直:$\pm(5.0+0.5\times10^{-6}D)$mm
RTK 精度	水平:$\pm(8.0+1\times10^{-6}D)$mm 垂直:$\pm(15.0+1\times10^{-6}D)$mm

续表

技术参数	数值
更新率	5 Hz
初始化时间	10 s
初始化可靠度	99.9%

千寻星矩 SR3 Pro 的系统配置及环境性能技术参数如表 3-6 所示。

表 3-6 SR3 Pro 的系统配置及环境性能技术参数

技术参数	数值
操作系统	Linux
内置存储	8 GB，支持 MicroSD 存储扩展
蓝牙	V2.1+EDR/V4.0 双模，Class2
Wi-Fi	802.11b/g/n
语音	TTS 语音播报
电子气泡	支持
工作温度	−30～+65 ℃
存储温度	−40～+80 ℃
防水防尘	IP67
湿度	抗 100% 冷凝

本章参考文献

[1] 李志刚，姚婷婷. 新疆红枣产业封闭供应链建模研究——以阿克苏地区为例[J]. 食品工业，2017，38(3)：179-183.

[2] 李文春，乔园园，王程虎，等. 新疆红枣质量安全存在的问题及其控制对策[J]. 现代农业科技，2019(23)：230-231.

[3] FENG H H, WANG X, DUAN Y Q, et al. Applying blockchain technology to improve agri-food traceability: a review of development methods, benefits and challenges[J]. Journal of Cleaner Production，2020，260：121031.

[4] WANG S P, LI D Y, ZHANG Y L, et al. Smart contract-based product traceability system in the supply chain scenario[J]. IEEE Access，2019，7：115122-115133.

[5] LU Q H, XU X W. Adaptable blockchain-based systems: a case study for

product traceability[J]. IEEE Software, 2017, 34(6): 21-27.

[6] JEONG K, HONG J D. The impact of information sharing on bullwhip effect reduction in a supply chain[J]. Journal of Intelligent Manufacturing, 2019, 30(4): 1739-1751.

[7] HERNANDEZ J E, MORTIMER M, PANETTO H. Operations management and collaboration in agri-food supply chains[J]. Production Planning & Control, 2021, 32(14): 1163-1164.

[8] CHERNYSHEV M, BAIG Z, BELLO O, et al. Internet of Things (IoT): research, simulators, and testbeds[J]. IEEE Internet of Things Journal, 2018, 5(3): 1637-1647.

[9] 聂鹏程, 张慧, 耿洪良, 等. 农业物联网技术现状与发展趋势[J]. 浙江大学学报(农业与生命科学版), 2021, 47(2): 135-146.

[10] 蒋广鑫, 杨联安, 谢元礼, 等. 面向农产品溯源的二维码信息及APP设计[J]. 安徽农业大学学报, 2020, 47(5): 863-868.

[11] 李宏然, 刘少雄. 基于二维码技术的农产品溯源系统设计与实现[J]. 电脑知识与技术, 2020, 16(31): 31-33.

[12] 李帅, 宋海燕. 农产品溯源二维码加密与纠错功能设计与实现[J]. 农业工程, 2022, 12(3): 47-51.

[13] 王泽, 曹莉莎. 散列算法MD5和SHA-1的比较[J]. 电脑知识与技术, 2016, 12(11): 246-247, 249.

[14] 孙怡宁, 黄秋, 胡剑浩. Reed-Solomon码概率软译码算法增强技术[J]. 中国科学: 信息科学, 2021, 51(8): 1331-1344.

[15] 张垒, 刘双印, 曹亮, 等. 基于农产品溯源的二维码防伪系统设计[J]. 通信技术, 2018, 51(11): 2721-2726.

[16] RAHMAN L F, ALAM L, MARUFUZZAMAN M, et al. Traceability of sustainability and safety in fishery supply chain management systems using radio frequency identification technology[J]. Foods, 2021, 10(10): 2265.

[17] REGATTIERI A, GAMBERI M, MANZINI R. Traceability of food products: General framework and experimental evidence[J]. Journal of Food Engineering, 2007, 81(2): 347-356.

[18] BARGE P, BIGLIA A, COMBA L, et al. Radio frequency IDentification for meat supply-chain digitalisation[J]. Sensors, 2020, 20(17): 4957.

[19] GRUNOW M, PIRAMUTHU S. RFID in highly perishable food supply chains-

Remaining shelf life to supplant expiry date？[J]. International Journal of Production Economics，2013，146(2)：717-727.

[20] BISWAL A K，JENAMANI M，KUMAR S K. Warehouse efficiency improvement using RFID in a humanitarian supply chain：Implications for Indian food security system[J]. Transportation Research Part E：Logistics and Transportation Review，2018，109：205-224.

[21] ZHANG Y J，WANG W S，YAN L，et al. Development and evaluation of an intelligent traceability system for waterless live fish transportation[J]. Food Control，2019，95：283-297.

[22] ANTONUCCI F，FIGORILLI S，COSTA C，et al. A review on blockchain applications in the agri-food sector[J]. Journal of the Science of Food and Agriculture，2019，99(14)：6129-6138.

[23] JUMA H，SHAALAN K，KAMEL I. A survey on using blockchain in trade supply chain solutions[J]. IEEE Access，2019，7：184115-184132.

[24] KSHETRI N. 1 Blockchain's roles in meeting key supply chain management objectives[J]. International Journal of Information Management，2018，39：80-89.

[25] LU Y. The blockchain：State-of-the-art and research challenges[J]. Journal of Industrial Information Integration，2019，15：80-90.

[26] 孙知信，张鑫，相峰，等. 区块链存储可扩展性研究进展[J]. 软件学报，2021，32(1)：1-20.

[27] CHEN Y L，LI H，LI K J，et al. An improved P2P file system scheme based on IPFS and Blockchain[C]//2017 IEEE International Conference on Big Data (Big Data). December 11-14，2017，Boston，MA，USA. IEEE，2017：2652-2657.

[28] SALAH K，NIZAMUDDIN N，JAYARAMAN R，et al. Blockchain-based soybean traceability in agricultural supply chain[J]. IEEE Access，2019，7：73295-73305.

[29] LENG K J，BI Y，JING L B，et al. RETRACTED：Research on agricultural supply chain system with double chain architecture based on blockchain technology[J]. Future Generation Computer Systems，2018，86：641-649.

[30] WANG L，XU L Q，ZHENG Z Y，et al. Smart contract-based agricultural food supply chain traceability[J]. IEEE Access，2021，9：9296-9307.

[31] VIOLINO S，PALLOTTINO F，SPERANDIO G，et al. A full technological

traceability system for extra virgin olive oil[J]. Foods, 2020, 9(5): 624.

[32] TIAN F. An agri-food supply chain traceability system for China based on RFID & blockchain technology[C]//2016 13th International Conference on Service Systems and Service Management (ICSSSM). June 24-26, 2016, Kunming. IEEE, 2016: 1-6.

[33] LIM M K, LI Y, WANG C, et al. A literature review of blockchain technology applications in supply chains: a comprehensive analysis of themes, methodologies and industries[J]. Computers & Industrial Engineering, 2021, 154: 107133.

[34] SABERI S, KOUHIZADEH M, SARKIS J, et al. Blockchain technology and its relationships to sustainable supply chain management[J]. International Journal of Production Research, 2019, 57(7): 2117-2135.

[35] BAI C G, SARKIS J. A supply chain transparency and sustainability technology appraisal model for blockchain technology[J]. International Journal of Production Research, 2020, 58(7): 2142-2162.

[36] BEHNKE K, JANSSEN M F W H A. Boundary conditions for traceability in food supply chains using blockchain technology[J]. International Journal of Information Management, 2020, 52: 101969.

[37] FAN Z P, WU X Y, CAO B B. Considering the traceability awareness of consumers: should the supply chain adopt the blockchain technology? [J]. Annals of Operations Research, 2022, 309(2): 837-860.

[38] AYUSHI M. A symmetric key cryptographic algorithm[J]. International Journal of Computer Applications, 2010, 1(15): 1-6.

[39] REN C, XUE S. Asymmetric Cryptographic Algorithm for Optical Images and Its Safety[J]. Nonlinear Optics, Quantum Optics: Concepts in Modern Optics, 2018, 48(4): 321-332.

[40] 黄秋兰, 程耀东, 陈刚. 分布式存储系统的哈希算法研究[J]. 计算机工程与应用, 2014, 50(1): 1-4, 77.

[41] 李少芳. DES 算法加密过程的探讨[J]. 计算机与现代化, 2006(8): 102-104, 109.

[42] 何明星, 林昊. AES 算法原理及其实现[J]. 计算机应用研究, 2002, 19(12): 61-63.

[43] 李俊芳, 崔建双. 椭圆曲线加密算法及实例分析[J]. 网络安全技术与应用, 2004(11): 56-57, 55.

[44] 陈传波，祝中涛. RSA 算法应用及实现细节[J]. 计算机工程与科学，2006，28(9)：13-14，87.

[45] 张裔智，赵毅，汤小斌. MD5 算法研究[J]. 计算机科学，2008，35(7)：295-297.

[46] APPEL A W. Verification of a cryptographic primitive：SHA-256[J]. ACM Transactions on Programming Languages and Systems，2015，37(2)：1-31.

[47] 林雅榕，侯整风. 对哈希算法 SHA-1 的分析和改进[J]. 计算机技术与发展，2006，16(3)：124-126.

[48] PALOMAR E，DE FUENTES J M，GONZÁLEZ-TABLAS A I，et al. Hindering false event dissemination in VANETs with proof-of-work mechanisms [J]. Transportation Research Part C：Emerging Technologies，2012，23：85-97.

[49] BALA K，KAUR P D. A novel game theory based reliable proof-of-stake consensus mechanism for blockchain[J]. Transactions on Emerging Telecommunications Technologies，2022，33(9)：e4525.

[50] 方燚飚，周创明，李松，等. 联盟链中实用拜占庭容错算法的改进[J]. 计算机工程与应用，2022，58(3)：135-142.

[51] LOHACHAB A，GARG S，KANG B H，et al. Performance evaluation of Hyperledger Fabric-enabled framework for pervasive peer-to-peer energy trading in smart Cyber－Physical Systems[J]. Future Generation Computer Systems，2021，118：392-416.

[52] SINGH A P，PRADHAN N R，LUHACH A K，et al. A novel patient-centric architectural framework for blockchain-enabled healthcare applications[J]. IEEE Transactions on Industrial Informatics，2021，17(8)：5779-5789.

第4章 技 术 设 计

4.1 参照标准和规范

本章项目的技术设计参照 CH/T 1004—2005《测绘技术设计规定》,该标准由国家测绘局于 2005 年发布,2006 年实施。该标准由国家测绘局提出并归口,由国家测绘局测绘标准化研究所起草,规定了测绘项目设计和专业技术设计的基本要求、设计过程及其主要内容。

4.2 技术设计

每个影像采集项目作业前都应进行技术设计。本章项目参照 CH/T 1004—2005 制定切实可行的技术方案,以保证采集成果符合技术标准并满足项目需求。技术设计是确保项目成功的关键步骤,它决定了项目的方向和成果质量。

技术设计分为项目设计和专业技术设计。项目设计是对项目进行的综合性整体设计,提供了项目的全面视图,包括目标、范围、资源和时间表。专业技术设计是对专业活动的技术要求进行设计,更侧重于具体的技术要求和方法,是实施影像采集活动的主要技术基础。对于工作量较小的项目,可根据需要将项目设计和专业技术设计合并为项目设计。

项目技术设计的依据为输入内容,包括项目需求、预期成果、预算限制和项目特定的其他要求,并引用了适用的国家、行业或地方的相关标准,以确保测绘成果的技术合规性。采用无人机遥感技术完成影像采集任务,勘察农场作业实际情况。技术设计文档见附录 C。

4.3 技术路线

农场高精度地理空间数据的生产技术路线是一个系统化的过程,涉及数据采集与处理、地理空间信息构建、验证和更新、存储与发布等多个阶段。以全球定位系统(北斗)、地理信息系统(GIS)等技术为手段,依照现行国家标准、测绘行业标准以及有关规定,运用现有基础资料,为该项目区域基础地理信息的采集及工程建设提供空间位置基准;通过全野外数字测量和航空摄影测量对地物、地貌信息进行数据采集，编辑制作 1∶500 的制图数据。整个技术路线分为外业测量和内业处理两部分，外业测量技术路线如图 4-1 所示，内业处理技术路线如图 4-2 所示。

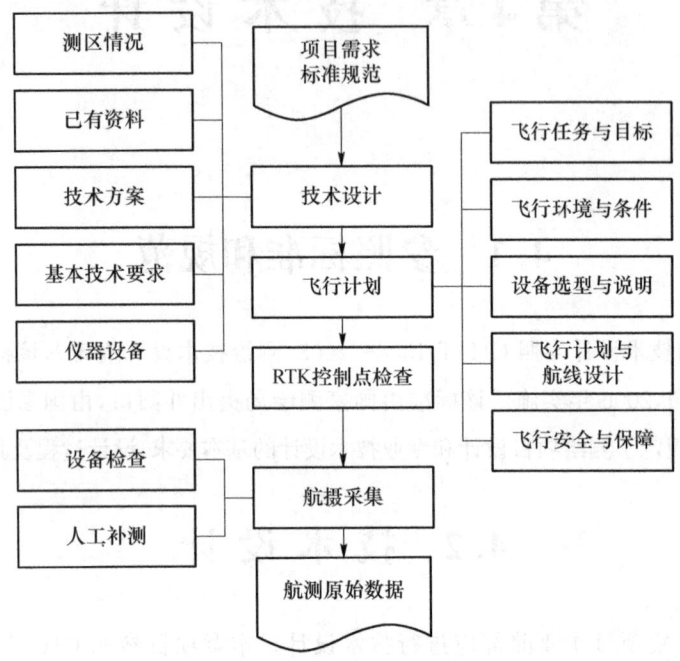

图 4-1　高精度地理空间数据外业测量技术路线

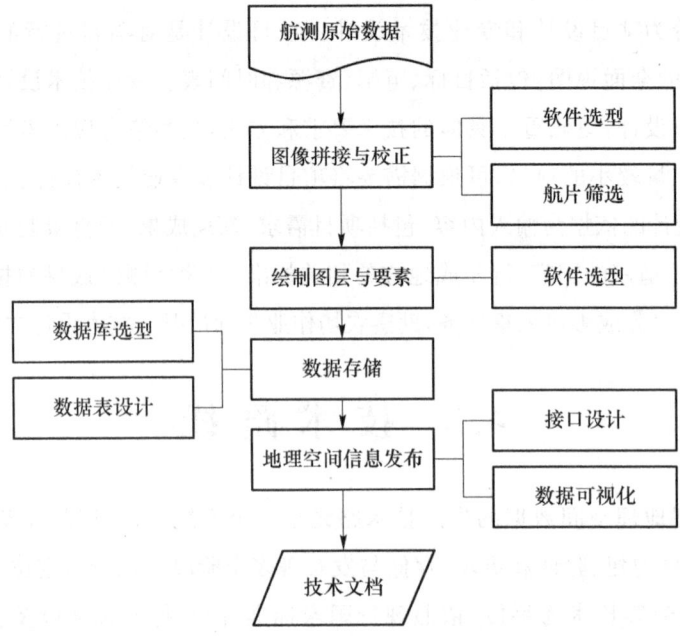

图 4-2　高精度地理空间数据内业处理技术路线

本章参考文献

[1] 郭慧静，金新文，沈从举，等. 新疆红枣产业现状及前景展望[J]. 华中农业大学学报，2023，42(5)：35-41.

[2] 余文静，石晶. 新疆红枣产业发展现状与前景[J]. 农业展望，2022，18(11)：103-108.

[3] 张跃鸿. 农产品在线供销平台的设计与实现[D]. 长春：吉林大学，2016.

[4] 薛慧芳. 基于用户偏好的智能农业问答系统设计[J]. 辽宁农业科学，2018(1)：64-68.

[5] 刘贯昂. 基于深度学习的农业生产智能问答系统的研究与开发[D]. 北京：首都经济贸易大学，2019.

[6] 赵文栋. 基于知识图谱的电影推荐研究[D]. 深圳：深圳大学，2020.

[7] 王勇超，罗胜文，杨英宝，等. 知识图谱可视化综述[J]. 计算机辅助设计与图形学学报，2019，31(10)：1666-1676.

[8] 孙琳. 基于知识图谱的农业在线信息资源推荐系统研究[D]. 长春：吉林农业大学，2021.

[9] 胡婷婷. 基于知识图谱的电影序列推荐模型研究与应用[D]. 南京：南京邮电大学，2022.

[10] 尚书飞. 基于知识图谱的医药问答平台的设计和研究[D]. 太原：中北大学，2021.

[11] 丛聪. 汽车产品用户需求知识图谱的构建及分析研究[D]. 天津：天津大学，2021.

[12] 李艳丽. 复杂网络中的链路预测研究[D]. 成都：电子科技大学，2021.

[13] 曹瑀晗. 复杂网络中的链路预测研究综述[J]. 长江信息通信，2023，36(10)：25-28.

[14] 王昭宇. 基于机器学习方法的链路预测研究[D]. 开封：河南大学，2023.

[15] 邬剑升，李玉珩. 基于共同邻居惩罚的复杂网络链路预测方法[J]. 计算机测量与控制，2023，31(3)：71-75，139.

[16] 赵云聪. 基于图神经网络的异构网络链路预测方法研究[D]. 兰州：兰州大学，2023.

[17] 孟庆玉. 复杂网络大数据异构多模态目标识别方法研究[J]. 信息记录材料，2019，20(9)：184-185.

[18] HAMILTON W L, YING R, LESKOVEC J. Inductive representation learning on large graphs[J]. Advances in neural information processing systems, 2017, 30.

[19] QIU J Z, DONG Y X, MA H, et al. Network embedding as matrix factorization[C]//Proceedings of the Eleventh ACM International Conference on Web Search and Data Mining. February 5-9, 2018, Marina Del Rey, CA, USA. ACM, 2018: 459-467.

[20] ZHANG M H, CHEN Y X. Link prediction based on graph neural networks[J]. Advances in neural information processing systems, 2018, 31.

[21] TERU K K, DENIS E G, HAMILTON W L, et al. Inductive relation prediction by subgraph reasoning[C]//Proceedings of the 37th International Conference on Machine Learning. ACM, 2020: 9448-9457.

[22] WANG X, JI H Y, SHI C, et al. Heterogeneous graph attention network[C]//The World Wide Web Conference. May 13-17, 2019, San Francisco, CA, USA. ACM, 2019: 2022-2032.

[23] KIM K M, KWAK D, KWAK H, et al. Tripartite heterogeneous graph propagation for large-scale social recommendation[J]. ArXiv e-Prints, 2019: arXiv: 1908.02569.

[24] SUN Z Y, ZHANG W J, MOU L L, et al. Generalized equivariance and preferential labeling for GNN node classification[J]. Proceedings of the AAAI Conference on Artificial Intelligence, 2022, 36(8): 8395-8403.

[25] YUN S, KIM S, LEE J, et al. Neo-GNNs: neighborhood overlap-aware graph neural networks for link prediction[C]//Neural Information Processing Systems., 2024

[26] ZHANG M H, KING C R, AVIDAN M, et al. Hierarchical attention propagation for healthcare representation learning[C]//Proceedings of the 26th ACM SIGKDD International Conference on Knowledge Discovery & Data Mining. July 6-10, 2020, Virtual Event, CA, USA. ACM, 2020: 249-256.

[27] LIU Z Q, CHEN C C, YANG X X, et al. Heterogeneous graph neural networks for malicious account detection[C]//Proceedings of the 27th ACM International Conference on Information and Knowledge Management. October 22-26, 2018, Torino, Italy. ACM, 2018: 2077-2085.

[28] TERU K, DENIS E, HAMILTON W. Inductive relation prediction by subgraph

reasoning[C]//International conference on machine learning. PMLR, 2020: 9448-9457.

[29] WU Z H, PAN S R, CHEN F W, et al. A comprehensive survey on graph neural networks[J]. IEEE Transactions on Neural Networks and Learning Systems, 2021, 32(1): 4-24.

[30] SALAMAT A, LUO X, JAFARI A. HeteroGraphRec: a heterogeneous graph-based neural networks for social recommendations[J]. Knowledge-Based Systems, 2021, 217: 106817.

[31] SUN Z Y, ZHANG W J, MOU L L, et al. Generalized equivariance and preferential labeling for GNN node classification[J]. Proceedings of the AAAI Conference on Artificial Intelligence, 2022, 36(8): 8395-8403.

第5章 地理空间数据采集

5.1 地理空间数据采集概述

在智慧农业的实践中,农场数据采集作业占据重要的地位,它是整个农业智能化发展的基石。通过数据采集,人们能够获得关于农场环境、作物生长状况等多方面的信息。它不仅为后续的地理空间信息构建、数据分析、土地规划决策以及农业机械作业路径规划提供了坚实的数据支撑,更是推动农业智能化发展的关键动力。

地理空间数据采集是农场数据采集的第一环,无人机遥感技术以其覆盖范围广、更新周期短、受地面条件限制少等优势能够迅速、准确地获取农田的空间分布信息,提供大面积、高分辨率的农场影像数据,这些数据是制作高精度农场地图的基础。而后续的数据处理流程是将这些海量、复杂的数据转化为可理解、可操作的精准信息的关键步骤。

本章项目测区位于新疆维吾尔自治区昌吉回族自治州昌吉市庙尔沟乡、大西渠镇、佃坝镇附近,测区有两处目标,一处位于和谐一村附近,一处位于极乐寺附近。测区共分为两个区域,其中北测区约 20 000 亩,南测区约 19 000 亩,总面积约 39 000 亩,合计 26 km²。测区内主要为农田,整体地势平缓,地形起伏较小,整体地势西南高、东北低,海拔标高 470~490 m。

基于上述项目需求,数据采集设备需满足大面积、高精度、多要素的要求。因此,测绘工具应具备足够的载荷能力,以搭载高精度相机或其他传感器设备。同时,设备的稳定性和续航能力也是选型时需要考虑的重要因素。测绘人员需对示范区进行实地勘察,了解地形、地貌、植被覆盖等基本情况。根据勘察结果,确定采集区域,以确保设备能够安全、有效地进行作业;还需评估采集区域的天气条件、空中交通状况等因素,确保设备在采集过程中不会受到干扰或影响。了解当地的法律法规和政策,确保采集活动符合相关规定。为了保障精度,在测绘区域设置一定数量的地面控制点(GCP),用于后续的数据处理和校准,这些控制点应具有明显的特征和稳定的位置,以确保数据的准确性和可靠性。根据实地勘察结果和地理条件评估,制订详细的数据采集规划,数据采集范围应覆盖整个示范区,且尽可能避免重复和遗漏。根据项目需求,设置设备的采集参数,包括相机分辨率、曝光时间、重叠度等,这些参数将直接影响数据的质量和后续处理的效果。

5.2　作业前准备

5.2.1　实地勘察与制订计划

1. 飞行合规性和安全性检查

① 遵守空中交通管理规定,获取必要的飞行许可和空域使用权。航测遵循自2024年1月1日起施行的《无人驾驶航空器飞行管理暂行条例》(以下简称《条例》)[①]。

《条例》第三章 空域和飞行活动管理的第十九条片段如下:

第十九条　国家根据需要划设无人驾驶航空器管制空域(以下简称管制空域)。

真高120米以上空域,空中禁区、空中限制区以及周边空域,军用航空超低空飞行空域,以及下列区域上方的空域应当划设为管制空域:

(一) 机场以及周边一定范围的区域;

(二) 国界线、实际控制线、边境线向我方一侧一定范围的区域;

(三) 军事禁区、军事管理区、监管场所等涉密单位以及周边一定范围的区域;

(四) 重要军工设施保护区域、核设施控制区域、易燃易爆等危险品的生产和仓储区域,以及可燃重要物资的大型仓储区域;

(五) 发电厂、变电站、加油(气)站、供水厂、公共交通枢纽、航电枢纽、重大水利设施、港口、高速公路、铁路电气化线路等公共基础设施以及周边一定范围的区域和饮用水水源保护区;

(六) 射电天文台、卫星测控(导航)站、航空无线电导航台、雷达站等需要电磁环境特殊保护的设施以及周边一定范围的区域;

(七) 重要革命纪念地、重要不可移动文物以及周边一定范围的区域;

(八) 国家空中交通管理领导机构规定的其他区域。

② 向空中交通管理机构提出飞行活动申请。根据《条例》的分类,无人机按照性能指标分为微型、轻型、小型、中型和大型。本章项目使用的无人机为大疆Mavic 3M,属于小型无人机,根据《条例》第三十一条(一)可知:微型、轻型、小型无人驾驶航空器在适飞空域内的飞行活动,无需向空中交通管理机构提出飞行活动申请。

第三十一条　组织无人驾驶航空器实施下列飞行活动,无需向空中交通管理机构提

---

① 《无人驾驶航空器飞行管理暂行条例》,网址为 https://www.gov.cn/zhengce/content/202306/content_6888799.htm。

出飞行活动申请：

（一）微型、轻型、小型无人驾驶航空器在适飞空域内的飞行活动；

③ 获得测绘资质。根据《条例》第三十五条可知：取得测绘资质证书后才能开始从事测绘活动。

第三十五条 使用民用无人驾驶航空器从事测绘活动的单位依法取得测绘资质证书后，方可从事测绘活动。外国无人驾驶航空器或者由外国人员操控的无人驾驶航空器不得在我国境内实施测绘、电波参数测试等飞行活动。

以项目华兴农场示范区为例，测区位于乡村农田区域，无人机飞行高度相对于最高点110 m，平均高度110 m，属于开放的低空空域。与最近的禁飞区（昌吉回族自治州市区上空）直线距离约15 km，与最近的机场（乌鲁木齐地窝堡国际机场）直线距离约34.5 km。目标区域不在机场空域、民航航路等禁飞区域。本章项目的飞行目的为采集农场影像数据，用来构建高精度地理空间信息，符合法律法规范围内的合法用途。使用的无人机型号为DJI Mavic 3M，符合国家关于无人机技术性能的标准和要求。

2. 实地勘察

实地踏勘农场，明确飞行区域的边界和范围。通常涉及对农场的整体布局、作物种植区域、道路分布等进行详细的了解。通过实地踏勘，采集人员可以准确划定飞行区域的范围，以确保无人机在数据采集过程中不会超出预定的边界。在确定了飞行区域之后，对地理特征、障碍物和飞行条件进行评估。

地理特征评估包括对地形起伏、地貌类型、植被覆盖等进行考察，这些因素直接影响无人机的飞行高度、航线和数据采集质量。同时，采集人员可以了解地形的具体情况，选择适合无人机飞行的航线和高度，避免因地形起伏或植被遮挡导致的数据缺失或误差。

障碍物评估主要针对可能对无人机的飞行安全造成威胁的障碍物进行实地勘察。障碍物可能包括高压线、树木、建筑物等。在勘察过程中，采集人员需要仔细观察并标记出这些障碍物的位置，制定相应的避障策略，以确保无人机在飞行过程中能够安全避开这些障碍物。

飞行条件评估包括评估风速、风向、气温、湿度等气象因素，以及光照、能见度等环境因素。这些因素对无人机的飞行性能和数据采集质量有着重要影响。通过实地勘察，采集人员可以了解当前的气象和环境条件，选择合适的飞行时间，避免因恶劣的天气条件导致的数据采集失败或无人机损坏。如无人机电池的续航能力无法满足预设的飞行时间，还需考察充电环境，确保飞行任务按时完成。

以项目华兴农场示范区为例，项目示范区位于中国西北部的新疆昌吉回族自治州，地处天山北麓，准噶尔盆地东南缘，地势南高北低，由东南向西北倾斜，属中温带区，为典型的大陆性干旱气候。示范区北测区被划分为28个大小不一的地块，南测区被划分为15

个大小不一的地块。不同地块种植不同类型的作物,主要有棉花、玉米、小麦、西红柿、葡萄等,地块分布如图5-1所示。农场道路两侧和部分田埂侧有高大杨树,地块中间穿有电线杆等障碍物。计划采集时间为5月,那时当地天气晴朗,温度适宜,风速满足飞行要求。多个地块配有泵房,具有供电能力,可以满足电池充电的需求。

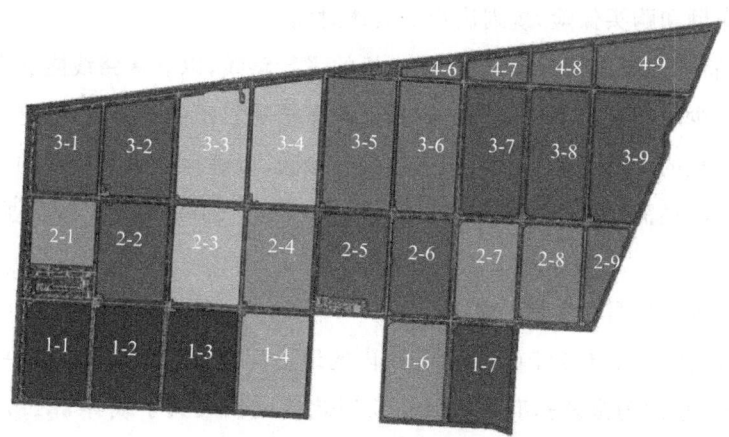

(a) 北测区地块分布

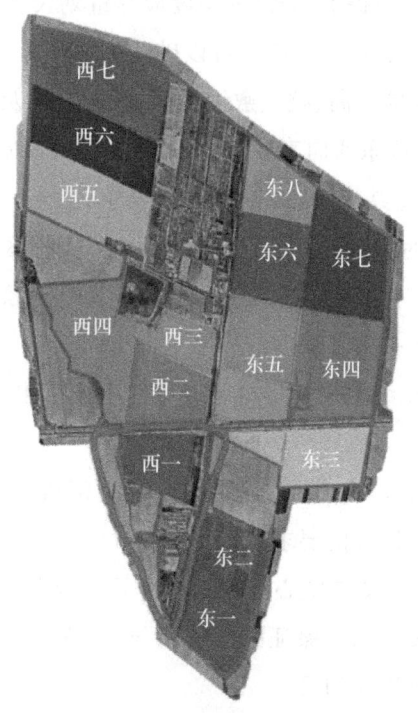

(b) 南测区地块分布

图 5-1 华兴农场地块分布图

3. 制订飞行计划

依据项目需求及实地勘察情况制订飞行计划书,用于指导和记录无人机飞行任务的规划和执行。计划书内容包含飞行任务描述、天气情况、飞行区域、飞行时间规划、法规要求、飞行高度和速度、飞行路线和航点、人员职责分配等。如采集地点较远且采集面积较大,还需安排车辆和购买保险,规划出行的具体时间。

根据地理特征和障碍物分布,规划无人机的飞行路线,以确保路线能够全面覆盖勘测区域,并尽量减少时间和能源的浪费。根据勘测需求和农田的差异性,确定合适的采样密度,并设置无人机的飞行高度、速度、拍摄角度等参数,以确保获取高质量的数据。如果作业区域面积较大,还需对飞行区域进行分区,根据 GB/T 6962—2005 标准划分航摄分区,遵循如下原则。

① 分区界线应与图廓线相一致。

② 当航摄比例尺小于 1∶7 000 时,分区内的地形高差不应大于四分之一相对航高(以分区的平均高度平面为摄影基准面的航高);当航摄比例尺大于或等于 1∶7 000 时,分区内的地形高差不应大于六分之一相对航高。分区内的地形高差为 $(\Delta h) = h_{高平均} - h_{低平均}$。

③ 在地形高差符合②的前提下,分区的跨度应尽量划大。

④ 特殊情况下,经用户认可,分区界线可以破图廓划分。

航摄分区后还需进行基准行高、航线敷设设计、航向方向及航线敷设,方法如下。

① 通常情况下,航线应按东西向直线飞行;特定条件下,航线也可根据地形走向按南北向或沿线路、河流、海岸、境界等任意方向飞行。

② 常规方法敷设航线时,航线应平行于图廓线。位于摄区边缘的首末航线应设计在摄区边界线上或边界线外。旁向覆盖超出界线一般不少于像幅的 50%,最少不得少于 30%。航向超出测区不少于一条基线。

③ 水域、海区航摄时,航线敷设要尽可能避免像主点落水,要确保所有岛屿达到完整覆盖,并能构成立体像对。

④ 荒漠、高山区隐蔽地区等和测图控制作业特别困难的地区,可以敷设构架航线。构架航线根据测图控制布点设计的要求设置。

⑤ 根据合同要求,航线按图幅中心线或按相邻两排成图图幅的公共图廓线敷设时,应注意计算最高点对摄区边界图廓保证的影响和与相邻航线重叠度的保证情况,当出现不能保证的情况时应调整航摄比例尺。

⑥ 采用 GPS 导航时,应计算出每条航线首末摄站的经纬度(坐标)。

以项目华兴农场示范区为例,考虑农场地面平坦、整体遮挡物较少、道路存在高树,以及新疆夏季的光照和气象条件。利用无人机飞控软件 DJI Pilot 2,根据农场的地理坐标和边界,为不同地块规划出最优的飞行路线。选择起飞及降落地点时应避开道路两旁的高树和电线等,确保无人机飞行的安全性。

根据天气预报,选择风速较低(如小于 5 m/s)、气温适宜(如 20～30 ℃)的晴朗天气进行测绘任务。避开正午时分的高温时段,因为正午时分太阳位于天空的最高点,阳光直射地面,可能导致画面过曝,影响图像质量。而且正午时分强烈的顶光可能导致图像中出现强烈的反光和阴影,这会降低图像的对比度和细节表现。此外,选择适宜的温度还可以减轻无人机散热压力,提高飞行安全性。

根据测绘面积以及电池等方面的限制,北测区和南测区的计划采集时间分别为两天,测绘时间选择了 10:00～13:00 及 16:00～20:00。根据天气预报,这 4 天农场天气晴朗,温度适宜,在 23～28 ℃ 之间,风速较低,满足飞行要求。通过选型,采用了适合大面积平台区域测绘的无人机型号 DJI Mavic 3M,搭载高清相机,配备 4 块充满电的电池并携带充电器,可在就近泵房完成充电。因采集地点较远,距离乌鲁木齐市区约 1 小时行程,且农场面积较大。因此,我们提前两天联系车辆公司,为 6 位采集人员配备了交通工具,可加速农场不同地块采集时设备和人员移动。具体飞行计划见附录 D。

5.2.2 设备检查与试飞测试

1. 设备检查

无人机飞行前的设备检查不仅是确保飞行安全和顺利的首要环节,更是预防潜在危险的关键措施。通过检查,采集人员能够及时发现并解决无人机可能存在的任何设备问题,从而避免飞行过程中发生诸如坠机或碰撞等严重事故。此外,对无人机各部件的检查,能够确保它们处于最佳工作状态,极大地降低了无人机受损的风险。这一过程不仅涉及飞行的安全性,更涉及无人机能否准确无误地按照预定计划执行飞行任务。采集人员可结合产品用户手册制作安全检查清单,确保没有遗漏任何重要的检查项,设备检查主要包含如下 12 个方面。部分步骤如图 5-2 所示。

第一,检查机身是否有损坏、裂缝或结构缺陷,尤其是螺旋桨是否正确安装,是否损坏或弯曲。

第二,检查电池的健康状况和电量指示,确认无人机是否充满电,是否正确安装。

第三,检查电机是否干净且无障碍物,测试电机和控制系统是否响应正常。

第四,检查相机是否正常工作,镜头清洁且无遮挡。

第五,检查遥控器电量是否充足,摇杆和按键是否都能正常使用,与无人机通信是否稳定,信号强度是否满足采集要求。

第六,检查存储卡是否已正确安装,并且有足够的存储空间,本章项目采用 128 GB 的存储卡。

第七,检查是否有软件需要更新或是否有补丁需要安装,以确保无人机的飞行控制软件和固件是最新版本。

第八,检查指南针是否校准正确,以确保无人机能够准确确定其航向。

第九,检查 IMU 是否正常工作,是否能提供无人机的精确姿态(俯仰、滚转、偏航)和速度信息。

第十,检查 GPS 或全球导航卫星系统(GNSS)接收器是否能够接收到足够的卫星信号。

第十一,确认飞行模式是否为定位模式,确认 RTK 已锁定为固定解状态。

第十二,无人机上电且遥控器开机后,检查基本功能是否均可以使用。

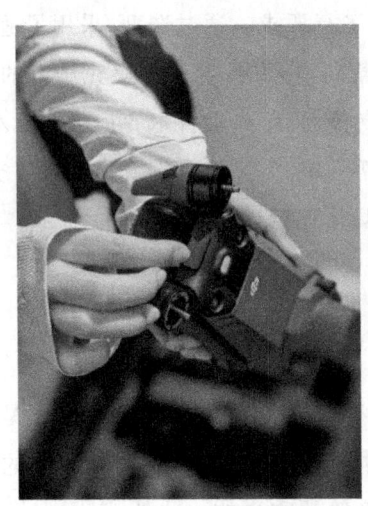 

图 5-2 设备测试记录

2. 试飞测试

在安全的环境中,试飞测试是验证无人机功能特性和性能指标的直接手段。通过实际飞行,可以全面检查无人机的基本功能、结构强度、控制系统稳定性等,以确保无人机满足项目要求。同时,试飞中可能会发现一些在设备检查阶段未考虑到的问题,如零部件磨损、系统兼容性问题、控制逻辑错误、参数设置不合理等。根据飞行计划进行参数设置,通过收集和分析实际飞行数据对控制参数进行调整和优化,使飞行设备性能达到最佳状态,有助于提高飞行效率、稳定性和安全性。此外,通过参与试飞测试,采集人员也可以熟悉无人机的操作流程、性能特点以及应急处置方法。具体试飞测试的步骤如下。

第一步,选择飞行环境。必须确保试飞区域没有潜在的干扰因素,以最大程度地降低飞行风险。建议在室内这种安全环境中进行无人机的初步测试,以验证其基本功能。由于室内环境的限制,采集人员可以关注检测设备开机过程、部分设置是否正常,以及是否存在任何初步的技术问题。室内无人机试飞测试如图 5-3 所示。

图 5-3 室内无人机试飞测试

一旦在室内测试阶段确认了无人机的基本性能和稳定性,则将转向室外空旷区域进行二次测试。在选择室外试飞区域时,需特别注意,应避开市区、高楼大厦周围、电线杆附近等可能产生干扰或增加飞行风险的地点。在室外环境中设置无人机飞行参数,并进行一系列简单的飞行测试。这些测试用于评估无人机的实际飞行性能,以及其所拍摄照片的角度和质量等参数是否满足项目的具体需求,进行小面积数据验证。室外试飞测试如图 5-4 所示。

图 5-4 室外无人机试飞测试

第二步,飞行数据记录及分析。记录飞行过程中的数据,用于验证和调整飞行计划。记录无人机在不同飞行高度的数据采集情况。在满足无人机飞行高度限制及航空管控下,飞行高度会影响图像分辨率。较低的飞行高度可以提供更高的图像分辨率,但需要更多的采集时间;较高的飞行高度将影响测量精度,但缩短了采集时间。记录无人机的起飞、降落时间,飞行区域及通信信号质量,以及当时的风速、温度等信息,方便后续验证和调整飞行任务的时间和参数。如果飞行测试中遇到突发情况,如降落失败、信号不足等,也需记录,用于后续的风险评估。

数码航空摄影的地面分辨率(GSD)取决于飞行高度,以项目示范区为例,飞行任务计划高度设置为110 m,以保证地面分辨率优于5 cm,图5-5为航高与地面分辨率关系图。航高与地面分辨率的关系如式4-1所示。

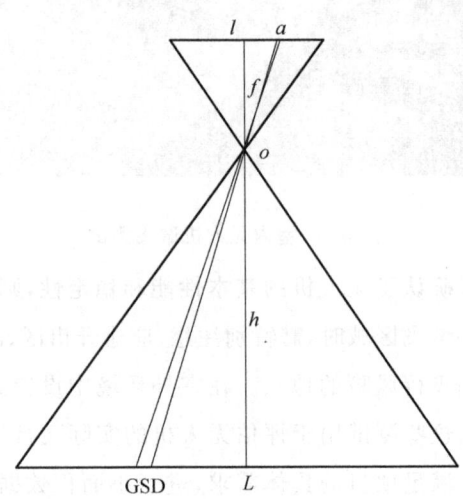

图 5-5　航高与地面分辨率关系图

$$\frac{a}{\text{GSD}} = \frac{f}{h} \Rightarrow h = \frac{f\text{GSD}}{a} \tag{4-1}$$

其中,h 为飞行高度,f 为镜头焦距,a 为像元尺寸,GSD 为地面分辨率。

通过飞控软件的自动计算,本次相对飞行高度如表5-1所示。

表 5-1　地面分辨率与相对飞行高度

地面分辨率	5 cm
计算相对飞行高度	180 m
实际飞行高度	110 m

第三步,评估飞行计划的合理性。这一步骤的目的是综合考虑之前两步的结果,即天气情况和飞行参数的实际情况,来确保飞行计划既安全又高效,且能满足项目的实际需求。根据天气预报和实时天气数据,评估飞行计划是否适合在当前天气条件下进行。还需审视飞行计划是否与农场的地形以及拍摄需求相匹配,是否能够全面覆盖农场需要监测的区域,以确保数据的完整性和准确性。通过测试,检查飞行高度、速度、航线等参数是否设置得当,以确保无人机在飞行过程中保持稳定,并获取高质量的影像数据。考虑项目

的紧迫性和人员、设备的可用性,根据测试完成情况预估能否在有限的时间内高效完成数据采集任务。

5.3 数据采集作业

5.3.1 参照标准和规范

(1) CH/T 3006—2011《数字航空摄影测量 控制测量规范》
有关该标准的内容见 3.5.1 小节。
(2) GB/T 7931—2008《1∶500 1∶1 000 1∶2 000 地形图航空摄影测量外业规范》
该标准由国家测绘局提出,由国家测绘局测绘标准化研究所起草,由全国地理信息标准化技术委员会负责归口,由中华人民共和国国家质量监督检验检疫总局和中国国家标准化管理委员会发布。

该标准规定了采用模拟、解析航空摄影测量方法测绘 1∶500、1∶1 000、1∶2 000 地形图的外业作业基本要求,适用于 1∶500、1∶1 000、1∶2 000 地形图的航空摄影测量外业生产作业。

5.3.2 像控点布设方案

通过 RTK 可以在地面上建立精确的控制点,这些点作为地理空间数据的基准,通常在特定位置记录精确的经纬度、高程等地理坐标,还可以通过 RTK 测量数据对无人机遥感数据进行校正,确保满足项目误差范围。根据测区地形环境的不同,一般有两种布设方案,分别是在航飞之前布设控制点和在航飞之后布设控制点。对于山区或者地面标志物较少的地区,没有明显的特征点,所以需要在航飞之前布设像控点;对于建筑密集的城市,有明显的特征点,则可以在飞行之后布设控制点。

在进行航空摄影测量时,制定布点方案是确保数据准确性和成图质量的关键步骤。像控点的选择遵循严格的规范,其内容包括目标影像的清晰度、控制点的公共性、距离像片边缘和各类标志的最小距离,以及控制点相对于方位线的位置等。这些规范确保控制点的精确性和可靠性,从而提高成图的准确性。

1. 像片控制测量的布点方案[①]

像片控制测量的布点方案分为全野外布点方案、非全野外布点方案和特殊情况的布

---

① https://www.shangyexinzhi.com/article/2527029.html。

点方案。全野外布点方案是指摄影测量过程中所需要的控制点全部通过野外控制测量获得，航摄像控点无须内业加密，直接提供内业测图供定向或纠正使用。该布点方案精度高，但是外业控制的工作量大，只有在测图精度要求高且视野开阔、地面联测条件良好的测区，或是在小面积测图的情况下才会选择使用该布点方案。非全野外布点方案按航线数分为单航线和区域网两种。特殊情况的布点方案对于航摄区域结合处、航向重叠不够、旁向重叠不够、水域和岛屿等特殊情况的布点均按照规范的规定进行。像控点的布设原则如下。

① 像控点一般按航线全区统一布设，像控点在测区内构成一定的几何强度。布设像控点时要在整个测区均匀布设，选点要尽量选择固定、平整、清晰易识别、无阴影、无遮挡区域，如斑马线角点、房屋顶角点，方便内业数据处理人员查找（如无明显地标可采用人工喷油漆或撒白灰的方式设置地标）。

如果是大面积规整区域，像控点可按照"品"字形布设；如果是面积很大的区域，且精度要求较低时，可适当抽稀测区内部像控；如果是带状测区，则需要在带状的左右两侧布点，可以按照"S"形或"Z"形路线布点。

② 像控点需选择较为尖锐的标志物，尽量选择平坦的地方，避免树下、房角等容易被遮挡的地方。如果没有的话可以人工打点，人工像控点应该选择能够持久存在的东西，喷漆宽度不得小于 30 cm，且棱角应分明。

③ 像控点标志物尺寸应大于 70 cm，并且不应出现方向性错误，应明显显示是标志物的哪一部分。

④ 像控点和周边的色彩需要形成鲜明对比，如果周边是深色，则标记以浅色为主；如果地面周边以白色为主，则标记可喷红色油漆。标记可刷成"L"形或"十"字形，采集坐标时，一般采集"L"形标记的直角拐角处（注意区分内角和外角），"十"字形标记的交叉正中心。

⑤ 如果选择地物作为特征点，应该选择比较大的地物，并且提供 2～4 张现场照片说明像控点的位置，至少包含 1 张点的近景位置和 1 张周边景物位置。

⑥ 布设完成像空点后，需要生产像控点的 KML 文件，标注不同颜色，如红色为检查点，黄色为控制点，透明框为测区范围。控制点均匀分布，保证控制网具有一定的强度。

⑦ 像控点布设的密度首先要考虑测区地形和精度要求。如果地形起伏较大，地貌复杂，那么需要增加像控点的布设数量（10%～20%）。很多飞机都有 RTK 或者 PPK 后差分系统，理论上可以减少地面控制点的数量，采集人员可以根据项目测试经验自行调整。影像分辨率与像控点密度关系如表 5-2 所示[①]。

---

① https://www.163.com/dy/article/G7RBJ9BC05319UN7.html.

表 5-2　影像分辨率与像控点密度关系表

影像分辨率/cm	像控点密度/(m·个$^{-1}$)	项目类型
1.5	100～200	地籍高精度测量
2	200～300	1:500 地形图测量
3	300～500	1:1 000 地形图测量
5	500	常规规划测量设计

全野外布点按 GB/T 7931 的要求执行。在航空摄影测量和遥感制图中,有多种方法可以用于生成地图和地形图。像控点全部由外业测定时,称为全野外布点[①]。生产实践中最常见的是综合法、全能法。

(1) 综合法成图的全野外布点

当成图比例尺小于等于航摄比例尺 4 倍时,在每个像片测绘区域的 4 个角上各布设 1 个平高点,在像主点附近布设 1 个平高点做检查,如图 5-6 所示。当成图比例尺大于航摄比例尺 4 倍时,应加布控制点。

(2) 全能法成图的全野外布点

该测量方法共分为两种情况。

① 立体测图或微分纠正时,在每一个立体像处对应布设 4 个平高点。当成图比例尺大于航摄比例尺 4 倍时,在像主点附近布设 1 个平高点;

② 当控制点的平面位置由内业加密完成,高程部分由全野外施测时,图 5-7 中的平高控制点可改为高程控制点。

不同飞行区域控制点的布设方式也有所不同。如果测绘区域是规则矩形或正方形时,小面积区域最少布设 5 个控制点,即航飞区域内 4 个角各 1 个,区域中间 1 个;大面积区域需相应增加控制点。如果测绘区域是不规则图形时,根据地形布设控制点,以保证布设的控制点能均匀地覆盖整个测区。如果是带状、河道、公路等区域,

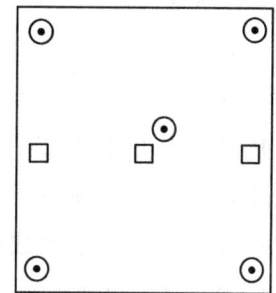

⊙平高点；□像主点

图 5-6　综合法成图的全野外布点

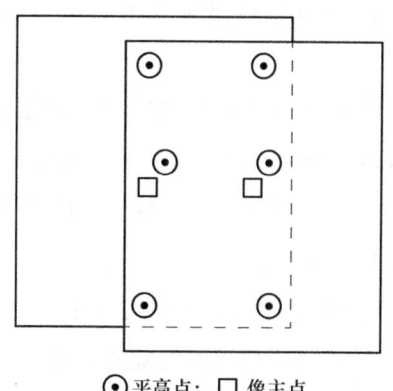

⊙平高点；□像主点

图 5-7　全能法成图的全野外布点

---

① 刘广侣.几种不同野外布点形式对航线网法(全能法或微分法)加密高程控制点的精度比较[J].测绘通报,1962(08):9-12.

经常采用"Z"字形布点法,也就是垂直于带状两边各 2 个控制点,带状区域中间 1 个控制点。

2. 点位在像片上的位置原则

在航空摄影测量和遥感解析中,点位在像片上的位置选择对于确保数据的精度和可靠性非常关键。点位在像片上的位置,应满足下列原则。

① 像控点的目标影像应清晰,易于判别。

② 布设的控制点宜能公用,一般布设在航向及旁向 6 片或 5 片重叠范围内。

③ 控制点距像片边缘不应小于 1 cm(18 cm×18 cm 像幅)或 1.5 cm(23 cm×23 cm 像幅),综合法成图的控制点距航向边缘不应小于上述规定的 1/2。

④ 控制点距像片的各类标志大于 1 mm。

⑤ 控制点应选在旁向重叠中线附近,离方位线的距离应大于 3 cm(18 cm×18 cm 像幅)或 4.5 cm(23 cm×23 cm 像幅);当旁向重叠过大,不能满足要求时,应分别布点;当旁向重叠较小,使相邻航线的点不能公用时,可分别布点,此时控制范围所裂开的垂直距离一般应小于 1 cm,困难时不应大于 2 cm。

⑥ 位于自由图边、待成图边及其他方法成图的图边控制点,应布设在图廓线外。

3. 外业选点原则

① 像控点的目标影像应清晰,易于判别。因此,像控点选在交角良好(30~150°)的细小线状地物交点、明显地物拐角点,同时,应选在高程起伏较小、常年相对固定且易于准确定位和量测的地方;弧形地物及阴影等不应选作点位目标。地物点应选择年代久远的、固定的、不易变化的房屋或构筑物角点;地形特征点应选择不易变化的丁字路口或十字路口。

② 现场易被破坏,如土路、土沟、田坎等地物,或弧线、圆心等不易再次认定的部位,以及不同高度地物形成的影像夹角等处不宜选作像控点。

③ 各测区抽取的图幅样本应尽量均匀分布,每幅图采集的地物点及地形特征点也应尽量均匀分布。

④ 像控点周边应无遮挡,密林中、高大建筑群里,以及建筑物墙脚等位置不宜选用。

⑤ 像控点的周围应避免有植被、高大建筑物,以及其他可能对仪器信号进行干扰的信号源,如高压输电线、雷达天线等。

以项目华兴农场示范区为例,需将野外采集的数据带回室内进行编辑和整理,形成最终的地形图,且对地形图精度要求较高,所以采用综合法成图的全野外布点。地面控制点均匀分布在测区,控制点标记主要选择道路交叉口的拐角,为保证测量结果的覆盖性和 1∶500 地形图测量,每 200~300 m 设置一个控制点。根据上述选点原则及测区地貌地形,在奥维等地图软件上提前标记地面控制点。以南测区为例,共设置了 27 个控制点,主要选择路口无遮挡且土层稳定区域。

5.3.3 像控点采集

1. 组装与测试设备

按照产品说明书进行设备组装,确保准确无误,并对其进行测试。设备组装与测试如图 5-8 所示。

图 5-8　RTK 测量仪组装与测试

以千寻 RTK 测量仪为例,检查测量仪是否工作正常。测量仪上有 4 个指示灯,如图 5-9 所示。卫星灯红灯闪烁表示正在搜索卫星,绿灯闪烁表示锁定卫星,闪烁的次数表示收到的卫星颗数。信号灯闪烁表示接收到基站差分数据,不闪烁表示没有接收到数据,若不闪烁应检查网络连接或千寻 CORS 账号是否过期。蓝牙灯灯亮表示手薄与主机已经连接上,断开手薄连接后蓝牙灯熄灭。电源灯电量充足时,绿灯长亮;当电量低于 30% 时,绿灯闪烁;电量低于 10% 时,红灯闪烁并报滴滴声。

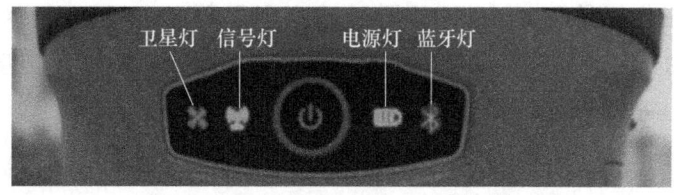

图 5-9　千寻 RTK 测量仪主机按键灯情况

2. 设置 RTK 测量仪参数

根据《全球定位系统实时动态(RTK)测量技术规范》可知 RTK 测量可采用单基准站

RTK 测量和网络 RTK 测量两种方法进行。网络 RTK 是指由数据处理中心对覆盖在一定范围内多个参考站的同步观测数据进行处理,生成差分数据,并通过网络播发,该区域内的流动站接收卫星信号和差分信号,实现 RTK 定位的技术。野外作业时采用 CORS-RTK 技术,基本技术要求如表 5-3 所示。

表 5-3　网络 RTK 观测技术要求

观测窗口状态	卫星数	卫星高度角	PDOP 值
良好窗口	≥5	20°以上	≥5
勉强可用的窗口	4	15°以上	≥8
避免观测的窗口	4	15°以上	≥8
不能观测的窗口	≤3		

参数设置及观测注意事项如下。

① GPS-RTK 测量。开机先初始化流动站,设置好流动站的网络选择,待数据质量为固定解时方可进行作业,要注意外业观测手簿显示的 HRMS 值,该值说明了测量结果的精度。为了提高测量精度和避免粗差的出现,要求 HRMS 值小于 0.05 时才采集,大于该值的数据不予采集。采集时间设定在 5 s 以上,取平均值作为测量成果。

② 三次初始化,每次采集 20 个历元,采样间隔 2~5 s,各次测量平面和高程坐标较差不大于 4 cm。

③ 每个点都需要使用三脚架架设仪器且量取仪器高两次,开机前、后各量一次,两次读数差应不大于 3 mm,取中数输入 GPS 接收机。

④ 观测员在作业期间不得擅自离开测站,并应防止仪器受到振动或被移动,防止人或其他物体靠近天线,遮挡卫星信号。

⑤ 在观测过程中,不应在接收机近旁使用对讲机或手机;雷雨过境时应关闭接收机,停测,并取下天线,以防雷电。

像控点观测要求如下。

① 移动站应使用单脚对中杆,每测回观测历元数应大于 10,PDOP 值应小于 5(PDOP 值介于 5 和 6 之间的时候尽量避免观测),高度角 10~15°以上卫星的数量应不少于 6 个;

② 应正确设置仪器高类型和量取位置,检查接收机网络参数(主要包括通信参数、IP地址、APN、端口、差分数据格式等)的正确性;

③ 使用碎部测量一测回,观测值应在得到网络 RTK 固定解且收敛稳定后开始记录;

④ 每天观测结束后,应及时将各类原始观测数据、成果数据等转存至计算机。外业观测数据在转存时,应提交完整的原始观测记录和数据。

⑤ 外业观测记录采用仪器自带的内存卡和测量控制手簿。记录项目输出包括如下内容。

a. 测量点点名、坐标、天线类型、天线高度及观测时间；

b. 流动站测量时的接收卫星数量、PDOP值、收敛精度；

c. 测量点位的经纬度数据；

d. 测量点位进行坐标转换后的国家2000坐标系平面坐标和1985国家高程基准正常高成果，该成果在内业进行事后转换。

RTK测量要求如下。

① 所有像片控制点都按平高点进行测量。

② 像片控制点平面、高程中误差按照《全球定位系统实时动态(RTK)测量技术规范》(GH/T 2009-2010)的测量要求执行。大面积山林地区像控点中误差要求可放宽0.5倍，两倍中误差为最大误差。

③ 设置采样间隔为1 s，每次采集历元数应大于10，测回观测平面及高程收敛精度应分别优于5 cm。

④ 像控点测量时需采用对中杆，确保气泡居中，所有量距包括仪器高等量测取位至0.02 m。

3. 采集和导出数据

观测要求依据《全球定位系统实时动态(RTK)测量技术规范》(CH/T 2009-2010)，平滑次数为20次。RTK平面控制点精度等级为三级控制点，RTK高程控制点按精度划分，等级为等外高程控制点。每次作业开始前，均应进行至少一个同等级或高等级已知点的检核，平面坐标差不应大于7 cm。平面控制点测量流动站观测时应采用三脚架严格对中、整平，每次观测历元数应不小于20个，采样间隔2~5 s，各次测量的平面坐标较差应不大于4 cm，取各次测量的平面坐标中数作为最终结果。

在基站稳定运行后，前往布设的控制点进行测量。确保测量过程中没有物体阻挡卫星信号，并在现场检查数据的精度和可靠性，确保没有异常值。在每个控制点上做布点标记，根据上述布设原则，选取色彩鲜艳的颜色进行标记，且标记应不易覆盖和磨损。标记材料可选择油漆、腻子粉、PVC泡沫板、相控布等。本章项目的标记如图5-10所示，数字代表测量点编号，"十"字形标记的中心为测量点。

在手簿上新建RTK项目，点击"点测量"按钮，根据规则命名测量点，保持设备静止，保证对中杆的气泡始终处于居中状态，点击"记录数据"按钮完成该点测量，如图5-11所示。控制点和检查点采集分两次观测，每次采集20个历元，采样间隔为1 s。

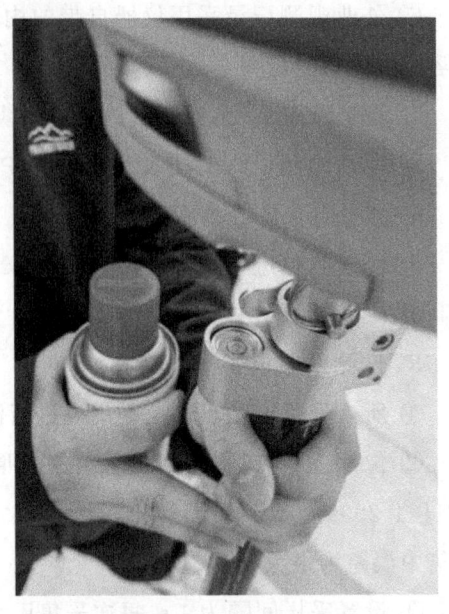

图 5-10　地面控制点标记　　　　　　　图 5-11　千寻 RTK 测量仪测量

每个控制点均采集完毕后,至少对像控点拍摄 3 张照片,分别为 1 张近照、2 张远照,如果 3 张不够可拍摄多张。近照要求摄对中杆杆尖落地处;远照的目的是反映刺点处与周边特征地物的相对位置关系,便于空三内业人员刺点,如图 5-12 所示。地物测控点采集如图 5-13 所示。

图 5-12　路中测控点采集

图 5-13 地物测控点采集

完成一个控制点的测量后,移动到下一个控制点,重复测量过程,控制点记录如图 5-14 所示,其中点名与地面标记数字一致。因测量点较多,可以通过标记的方式确认,以免遗漏,黄色为未测量点,每测量一个点就改变一次标记颜色。

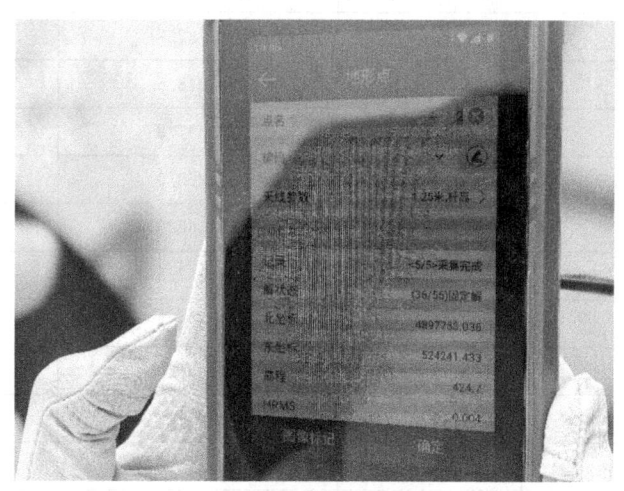

图 5-14 控制点数据采集

控制点、检查点成果表分开保存,每个点均保存大地坐标和投影平面坐标。默认大地坐标为 CGCS2000,投影坐标为高斯-克吕格投影 3°分带,中央子午线 114°。全部采集完成后,将数据从手簿导出并传输到计算机或其他处理设备,以便后续使用。文件格式为

csv，采集的数据共有 4 列，分别是编号、北坐标、东坐标、高程。

整理控制点、检查点照片，给每一个控制点分别建立一个文件夹，将所拍的控制点进行照片分类，并放入相应点的文件夹中，使点号、点位与照片一一对应。在文件夹外保存所有控制点和检查点的 csv 文件，填写像控点观测记录表。如表 5-4 所示。

表 5-4 像控点记录表

编码	北坐标	东坐标	高程
1	4897797	524187.0	424.405
2	4897753	524241.4	424.700
3	4897774	524084.7	425.099
4	4897949	524100.9	423.755
5	4898549	524173.2	422.046
6	4897432	524047.4	427.390
7	4897473	524936.6	425.498
8	4899251	525082.2	419.810
9	4898416	525035.7	422.087
10	4897952	523327.8	425.689
11	4897413	523254.1	427.576
12	4896556	523122.1	430.278
13	4896022	522982.7	432.499
14	4895455	522848.6	434.563
15	4894914	523391.8	436.770
16	4897365	522363.0	428.356
17	4899506	521366.9	421.762
18	4900183	521397.5	419.514
19	4900732	521423.3	418.048
20	4901327	521456.0	417.052
21	4900267	523619.2	417.783
22	4899601	523525.6	420.521
23	4899083	523457.1	421.591
24	4898789	523408.8	422.403
25	4899002	522577.3	423.793
26	4899616	522655.0	420.177
27	4899987	522699.5	419.012

5.3.4 航空测绘

1. 航空影像数据采集

根据飞行计划,当天天气适宜,5 位航测负责人员于指定时间(10:00)到达农场,组装无人机设备,并再次进行简单飞行测试并查看图像是否能够正常存储,以确保无人机功能正常,如图 5-15 所示。

图 5-15 查看存储功能及图像质量

根据飞行计划设置无人机参数。因为航测对象是不同面积的地块,所以选择面状航线,点击"卫星图"按钮,并设置无人机航拍区域。虽然不同地块间由道路/水渠分割,但为了保障采集覆盖率,采集区域可涵盖道路或水渠,可比地块本身面积稍大一些,部分航线规划如图 5-16 所示。

图 5-16 部分地块航线规划

在规划飞行路径时,航测负责人员需要在卫星图上点击"设置航点"按钮,无人机将按照这些航点飞行。点击卫星图即可标记无人机的起飞和降落位置。为保障无人机飞行安全,通常着陆需要有备选方案。选择可见光,无人机搭载的可见光相机进行图像或视频的拍摄。创建航线规划无人机飞行路径,其中飞行高度设置为 110 m,起飞高度设置为 110 m,返航高度设置为 110 m,航线速度设置为 15 m/s。具体参数如表 5-5 所示。

表 5-5 无人机参数设置

参数	设置	备注
影像类型	可见光	适用于获取高清晰度的地表影像
飞行高度	110 m	
起飞高度	110 m	与飞行高度一致,保证飞行的平稳性
返航高度	110 m	
航线速度	15 m/s	
返航方案	自动返航	确保无人机在完成任务或电量不足时能安全返回
航向重叠度	80%	
旁向重叠度	70%	

2. 精度验证

根据文件《基础地理信息数字成果 1∶500 1∶1 000 1∶2 000 数字正射影像图》(CH/T 9008.3—2010)中的规定,1∶500 的数字正射影像图的航拍精度应达到 5 cm。利用千寻 RTK 测量仪进行定点测量,并在大疆 Mavic 3M 无人机航测地图上进行标注,通过对比正射影像图上标注点坐标和 RTK 实测坐标进行精度检验。

先进行像控数据检查,主要包含两种方法:一是检查本地坐标点位的平面坐标系、投影方式等是否满足项目要求及是否存在点号错误;二是检查影像上是否找到对应的清晰可见的像控标志。当预设的像控点采集失败时,采取相应的外业补救方案,如重测或者补测替代像控点。

以项目华兴农场示范区测量为例,全区平面控制点共 30 个,其中定向点个数为 18 个,检查点个数为 12 个。像控点数据如表 5-6 所示。

表 5-6 像控点数据表

名称	纬度	经度	北坐标	东坐标	高程
1	N44°13′24.1699″	E87°17′36.6153″	4898685.064	523452.359	422.335
2	N44°13′23.2006″	E87°17′43.9861″	4898655.732	523616.067	421.945
3	N44°13′21.7854″	E87°17′54.0328″	4898612.857	523839.220	421.678
4	N44°13′20.0688″	E87°18′06.9902″	4898560.923	524127.018	421.881

续表

名称	纬度	经度	北坐标	东坐标	高程
5	N44°13′13.8750″	E87°18′08.1799″	4898369.845	524154.128	422.232
6	N44°13′05.5361″	E87°18′06.7081″	4898112.339	524122.405	423.119
7	N44°12′54.5415″	E87°18′04.8453″	4897772.831	524082.301	425.145
8	N44°12′55.5988″	E87°18′09.9513″	4897805.883	524195.527	424.462
9	N44°12′55.7362″	E87°17′57.0503″	4897809.074	523909.124	425.022
10	N44°13′00.0463″	E87°17′33.1234″	4897940.196	523377.506	424.929
11	N44°13′11.2986″	E87°17′32.3554″	4898287.444	523359.220	424.602
12	N44°13′38.4532″	E87°17′37.4402″	4899125.993	523469.093	421.574
13	N44°13′53.9999″	E87°17′40.2771″	4899606.081	523530.335	420.474
14	N44°14′14.8193″	E87°17′44.2374″	4900249.003	523615.910	417.848
15	N44°14′05.7743″	E87°17′02.8015″	4899966.578	522697.395	419.216
16	N44°13′54.6361″	E87°17′00.8207″	4899622.635	522654.626	420.158
17	N44°13′33.9186″	E87°16′57.0801″	4898982.889	522573.812	423.863
18	N44°12′38.9682″	E87°17′26.8054″	4897289.108	523239.560	428.073

通过表 5-7 中的验证点数据可以看出,两者误差基本在 5 cm 以内,其中 4 号点的误差为 6 cm,经过核实,该误差是由于实测位置不在控制点标记中心导致的。平均位置误差为 3.1 cm。

表 5-7 验证点数据表

点号	$x\_测量/m$	$y\_测量/m$	$x\_地图/m$	$y\_地图/m$	$x\_误差/m$	$y\_误差/m$	位置误差/m
1	523 452.359	4 898 685.064	523 452.341	4 898 685.043	0.018	0.021	0.028
2	523 616.067	4 898 655.732	523 616.088	4 898 655.748	−0.021	−0.016	0.027
3	523 839.220	4 898 612.857	523 839.248	4 898 612.838	−0.028	0.019	0.034
4	524 127.018	4 898 560.923	524 127.079	4 898 560.893	−0.061	0.030	0.068
5	524 154.128	4 898 369.845	524 154.152	4 898 369.810	−0.024	0.035	0.043
6	524 122.405	4 898 112.339	524 122.411	4 898 112.358	−0.006	−0.019	0.020
7	524 082.301	4 897 772.831	524 082.324	4 897 772.841	−0.023	−0.010	0.025
8	524 195.527	4 897 805.883	524 195.538	4 897 805.894	−0.011	−0.011	0.016
9	523 909.124	4 897 809.074	523 909.119	4 897 809.098	0.005	−0.024	0.024
10	523 377.506	4 897 940.196	523 377.477	4 897 940.208	0.029	−0.012	0.031
11	523 359.220	4 898 287.444	523 359.216	4 898 287.456	0.004	−0.012	0.013
12	523 239.560	4 897 289.108	523 239.544	4 897 289.142	0.016	−0.034	0.038

注:$y\_测量$ 与 $x\_测量$ 为控制点 RTK 实测数据,$y\_地图$ 与 $x\_地图$ 为控制点无人机获取的高精度地理空间数据(正射影像)的坐标位置。

由表 5-8 中数据可知,采用搭载 RTK 的大疆 Mavic 3M 无人机时,数据的误差可以保证在±4.3 cm 以内(去除 4 号点),满足对高精度地理空间数据的要求。精度验证试验区域如图 5-17 所示。

表 5-8 验证精度统计

参数	$|x\_误差|/m$	$|y\_误差|/m$	位置误差/m
平均值	0.017	0.019	0.027
最大值	0.029	0.035	0.043

图 5-17 精度验证试验区域

3. 数据补测

如果因某些原因(如天气、设备故障、数据质量问题等)导致部分区域的影像数据不完整或质量不达标,那么需要重新进行飞行拍摄,以补充缺失或不合格的影像数据。无人机的飞行参数应与之前一致,确保补飞的影像数据与原数据在技术上一致。通常,航向重叠率和旁向重叠率应分别达到 70% 和 60% 以上。

对于航测中无法直接识别的地物,如细小的电线杆、闸阀井、出水桩等被树林、灌木、草地作物等挡住的地物等,补测是确保测绘数据完整性和准确性的重要步骤。补测步骤如下。

① 进行地面核查,以识别航测图像中无法识别的地物;

② 使用手持 RTK 测量仪记录无法识别地物的确切位置;

③ 记录补测的地物属性,便于后续数据处理。

4. 飞行及影像质量检查

航空像片质量的优劣直接影响摄影测量过程的繁简、成图的工效和精度。因此,需要对摄影的外业成果进行详细的质量检查,检查内容包含飞行质量、影像质量、数据质量及附件质量。

飞行质量检查应满足如下要求。

① 像片的重叠度不满足设计要求,航线重叠率大于 75%,旁向重叠率大于 70%;

② 像片倾斜角小于等于 12°,旋偏角小于等于 12°;

③ 航高保持,同一航线航高差不大于 30 m,实际航高与设计航高之差不大于 20 m;

④ 航线应无偏离;

⑤ 摄区边界覆盖保证,即航向覆盖超出摄区至少两条摄影基线,旁向覆盖超出边界至少一张像幅。

影像质量检查应满足如下要求。

① 影像清晰,层次丰富;

② 没有云、云影、大面积反光;

③ 影像不能有漏洞;

④ 像点位移不大于 1 个像素。

数据质量检查应满足如下要求。

严格按照《测绘产品检查验收规定》《测绘产品质量评定标准》的规定对工程测绘过程和测绘产品进行检查和质量评定。

以本章项目为例,作业组对自身所有成果资料进行了 100% 的自检。项目负责人对整个项目资料进行了 100% 的外业检查。

5. 地理空间数据定期更新

航测数据定时更新可确保地理空间信息保持最新状态,可以及时捕获地块、道路、水渠等重要地物的变更。此外,定时更新有助于纠正过时或错误的地理信息,提高数据的准确性。因为农场每年作物都要变更,所以本章项目定为一年采集一次影像数据。

2023 年 5 月,我们使用搭载 RTK 的大疆 Mavic 3M 无人机对华兴农场进行数据采集。本章项目共拍摄华兴农场核心区 2.2 万余亩、辐射区近 2 万亩。2023 年实地航测如图 5-18 所示。

图 5-18　2023 年实地航测

因地块种植作物及部分地物变化，2024年5月，我们重新对华兴农场核心区2.2万余亩、辐射区近2万亩进行拍摄，以保持地图数据为较新状态。2024年实地航测如图5-19所示。

图 5-19　2024 年实地航测

5.3.5　成果整理及移交

将存储卡中部分数据导入电脑并确认数据是否有误，是否满足要求。因数据量较大，本地电脑处理速度较慢，将其上传至服务器进行后续数据处理，确保数据分组及命名正确。最重要的步骤为数据备份，以确保航测数据的安全性和可追溯性。

根据前期制定的需求说明书，整理和检查移交材料，移交的成果包含如下内容[①]。

① 航摄分区略图；

② 航片索引图；

③ 航摄底片、像片；

④ 航摄飞行报告；

⑤ 附属仪器记录数据；

⑥ 成果质量检查报告；

---

① https://zhuanlan.zhihu.com/p/341490340.

⑦ 技术总结；
⑧ 航摄资料移交书；
⑨ 合同规定的其他资料。

第6章 航摄影像处理

6.1 航片筛选

2023年5月10日至2023年5月12日,我们选择DJI Mavic 3M无人机进行数据采集,无人机飞行高度为110 m,无人机飞控软件为DJI Pilot 2软件,航线为软件自动规划设计的航线。该次数据采集共飞行45架次,获取原始飞行数据26 891张。其中:北测区飞行17架次,获取原始飞行数据11 865张;南测区飞行28架次,获取原始飞行数据15 026张。控制点18个,验证点12个。该次航拍共拍摄华兴农场核心区2.2万余亩、辐射区近2万亩。

因地块种植作物及部分地物变化,2024年5月重新对华兴农场核心区2.2万余亩、辐射区近2万亩面积进行拍摄,保持地图数据为较新状态。

6.2 图像拼接与正射校正

图像拼接与正射校正使用到的工具软件有Photoscan和WebODM。

1. Photoscan

Photoscan可生成高分辨率的真正射影像(使用控制点可达5 cm精度)及带精细色彩纹理的DEM模型。使用Photoscan进行图像拼接是完全自动化的工作流程,即使非专业人员也可以在一台电脑上处理成百上千张航空影像,从而生成专业级别的摄影测量数据。

Photoscan有以下几方面的优势。

① 支持倾斜影像、多源影像、多光谱影像的自动空三处理;

② 支持多航高、多分辨率影像等各类影像的自动空三处理;

③ 具有影像掩模添加、畸变去除等功能;

④ 能够顺利处理非常规的航线数据或包含航摄漏洞的数据;

⑤ 支持多核、多线程CPU运算,支持CPU加速运算;

⑥ 支持数据分块拆分处理,高效快速地处理大数据;

⑦ 操作简单,容易掌握;

⑧ 处理速度快。

2. WebODM

WebODM 是 ODM 的一个基于 Web 的图形用户界面(GUI)。它提供了一个方便的方式来使用 ODM,无须在本地安装和配置软件。用户可以通过 Web 浏览器访问 WebODM,上传无人机图像并执行图像处理任务,例如,正射影像拼接、点云、数字地形/高程模型生成和三维重建。

WebODM 的主要特点包括。

① 易用性:WebODM 提供直观的用户界面,使用户能够轻松上传图像并执行处理任务,无须专业的 GIS 或图像处理知识。

② 分布式处理:WebODM 支持在本地计算机集群或云服务器上进行分布式处理,以加速大规模数据的处理。

③ 可视化工具:WebODM 提供了丰富的可视化工具,用户可以查看生成的正射影像、数字地形模型和三维重建模型,以及进行测量和分析。

④ 开源性:与 OpenDroneMap 一样,WebODM 也是开源的,用户可以根据自己的需求进行定制和扩展。

WebODM 的出现极大地简化了使用 OpenDroneMap 进行无人机图像处理的流程,使更多的用户能够受益于无人机技术的应用。

项目所使用的工具是 Photoscan,具体的安装操作流程如下。

(1) 软件安装

在官网下载软件并安装。完成以后,在"工具"→"偏好设置"的目录下,将系统语言设置为中文。

(2) 航片选取

根据《低空数字航空摄影规范》对于飞行质量和影像质量的要求,像片重叠度应满足以下要求。

① 航向重叠度一般应为 60%～80%,最小不应小于 53%;

② 旁向重叠度一般应为 15%～60%,最小不应小于 8%。

在进行实际航线规划时,飞行人员应尽可能设置较高的像片重叠率,避免出现航摄漏洞,重复飞行,以降低作业成本。

无人机航摄完毕后,进行航片筛选,剔除起飞和降落阶段的航拍影像,仅保留无人机航线飞行阶段拍摄的照片。

项目华兴农场示范区图片拼接所使用的软件工具是 Photoscan。

6.2.1 图像手动处理过程

1. 照片导入

打开 Photoscan 软件,在左侧工作区单击"添加模块"按钮,软件自动创建新项目,准备导入航片,如图 6-1 所示。

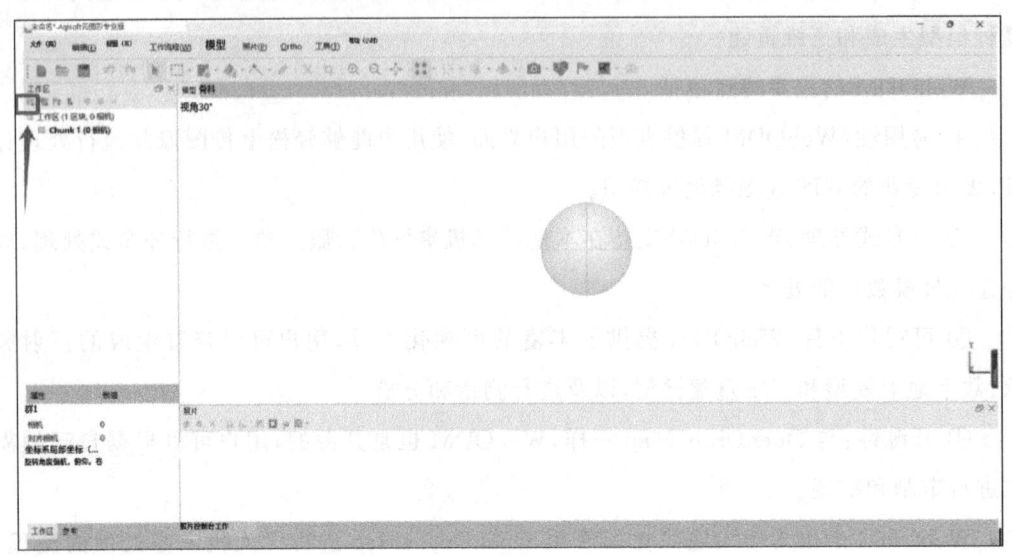

图 6-1 照片导入

在软件上方工具栏,选择"工作流程"→"添加照片"命令,选择要拼接的照片,然后照片就导入进来了。有两种方式添加图片,一种是以文件夹的形式上传,另一种是选择文件夹内的图片进行上传。无人机航摄时,同一地块的航摄相片存储在同一个文件夹中,因此,我们以同一个地块为集合进行照片的上传,具体过程如图 6-2 所示。在图 6-3 的照片区域我们可以看到上传的所有照片的预览情况,包含图片的名称,单击图片可以查看图片具体的大小信息。在属性位置可以查看上传的同一地块下的图片的数量信息。

2. 对齐照片

选择"工作流程"→"对齐照片"命令,软件会根据航片坐标、高程信息、相似度自动排列照片。PhotoScan 可以自动识别和匹配多张照片中的特征点,从而确定相机的位置和方向,实现照片对齐。对齐照片操作如图 6-4 所示。

对齐照片时,软件会弹出一个窗口,要求用户选择精度,如果用于现场快速展示航片效果,可以选择低精度,实现照片快速排列。最后单击"确认"按钮,自动对齐照片。在对齐照片步骤中,将照片精度设置为"高"。在对齐照片的界面中还有两个默认参数,保持默认勾选。Generic preselection 是指通用预选模式,大型照片集的校准过程可能需要很长的时间。其中,照片集的特征匹配消耗较长时间。在通用预选模式下,使用低精度设置匹配照片来选择重叠的照片对可以加速大型照片集校准过程。Reference preselectio 是指参考预选模式,默认为 source,在这种模式下,根据测量的相机位置(如果存在)选择重叠的照片对。对于倾斜图像,需要在参考面板(Referencepane)的"设置 Setings"对话框中设置捕获距离值(相机坐标数据设置的同一坐标系的平均地面高度),以使预选程序有效运行。捕获距离信息必须附有偏航(yaw)、俯仰(pitch)、滚动(roll)/omega、phi、kappa 的相机数据。旋转参数应在"参考"窗格中输入。然后根据计算出的新的三维点作为原始三维点和矢量,在摄像机视角方向上进行预选时,其长度等于输入的捕获距离值。Estimated 模式考虑了已经计算出外方位元素的对齐相机,即如果项目的图像定向操作已经完成,那么在重新运行图像定向程序并选择估计预选模式时,将考虑已经估计出的相机位置。Sequential 模式是指图像之间的对应关系是根据照片序列(图像的序列号)确定的,通过这种调整,序列中的第一个图像和最后一个图像也将进行比较。

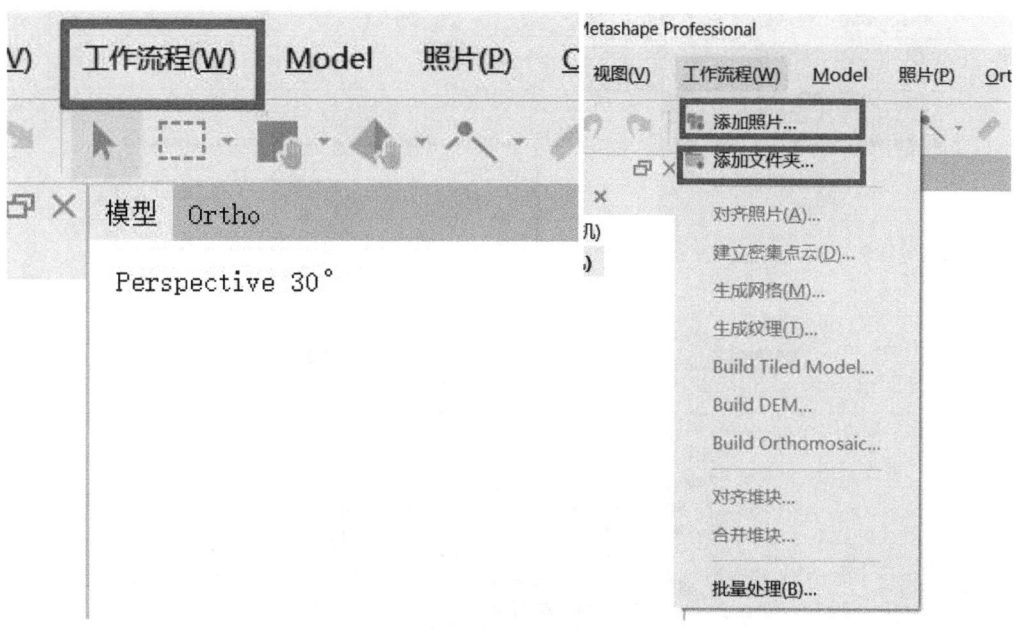

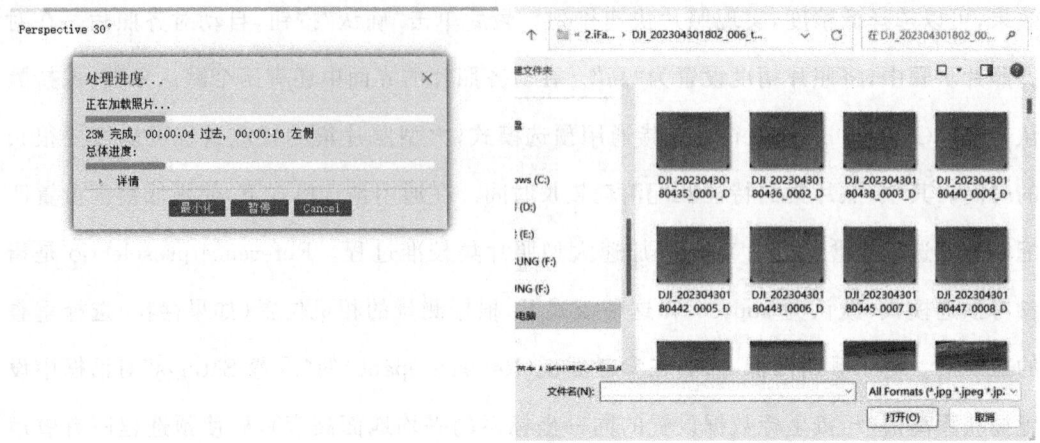

图 6-2 添加航摄图片

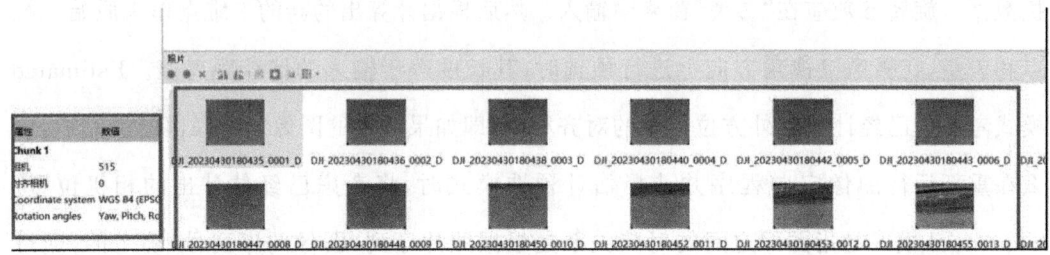

图 6-3 上传航片信息预览

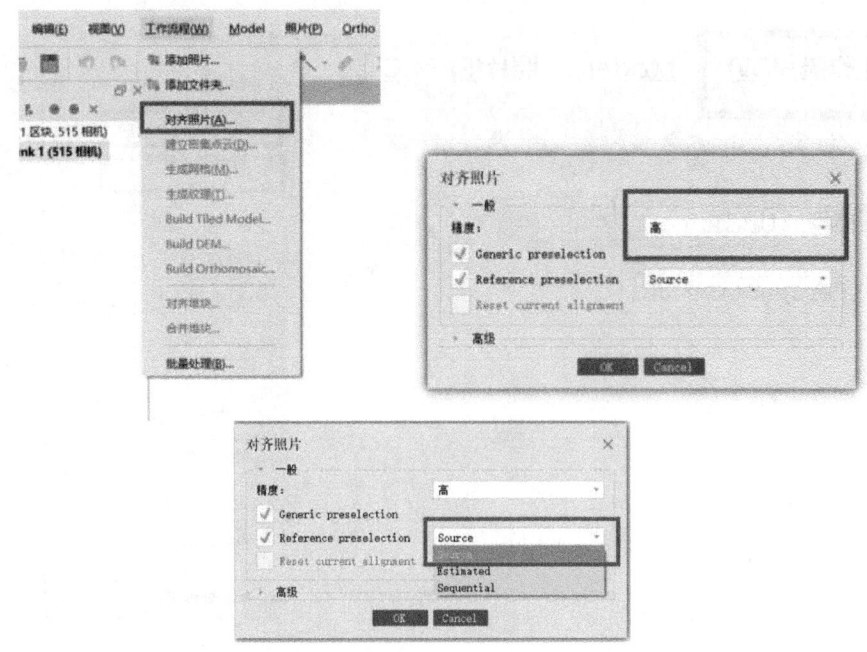

图 6-4 对齐照片

3. 建立密集点云

选择"工作流程"→"建立密集点云"命令，同样根据需求选择质量，将质量设置为"高"，通过生成高密度的点云数据反映照片中物体表面的细节。建立密集点云操作如图 6-5 所示。

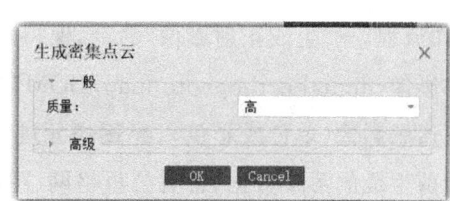

图 6-5　建立密集点云

4. 生成 DEM

选择"工作流程"→"Build DEM"命令，保持默认参数值。具体的参数有插值、源数据、分辨率、总尺寸（像素）等，如图 6-6 所示。

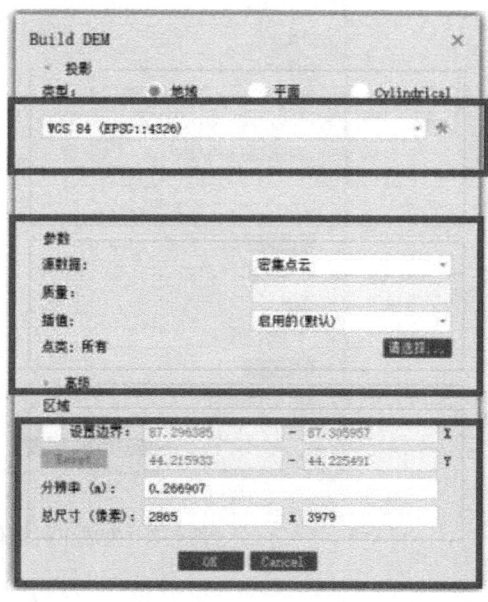

图 6-6　生成 DEM

DEM 是一种通过有序数值阵列表示地面高程的实体地面模型，是数字地形模型 DTM 的一个分支。它包含区域范围内的高程数据，通过规则或不规则的网络网格分布的海拔值来表示，每个网格点上的数值表示该区域的高程。DEM 仅包含地形的高程信息，不包含地物（如建筑物、树木等）的高度。通常以格网点的形式表示，分辨率数值越小，表达的地形细节就越多。

DOM 是利用数字高程模型对扫描处理的数字化的航空像片或遥感影像（单色或彩色）进行逐个像元投影差改正后，再按影像镶嵌、根据图幅范围剪裁生成的影像数据。DOM 是影像数据，具有地图的几何精度和影像特征，影像中的每个像素与地面上的实际位置对应。DOM 并不包含高程信息，而是影像像素与地表位置的对应关系。它呈现为经过正射校正的影像，保持了影像的原始特征和细节。

5. 生成正射影像

选择"工作流程"→"生成正射影像"命令，保持默认参数值，如图 6-7 所示。

数字正射影像（digital orthophoto map，DOM）是利用 DEM 对经过扫描处理的数字化航空像片或遥感影像（单色或彩色），经逐像元进行辐射改正、微分纠正和镶嵌，并按规定图幅范围裁剪生成的形象数据，带有公里格网、图廓（内、外）整饰和注记的平面图。

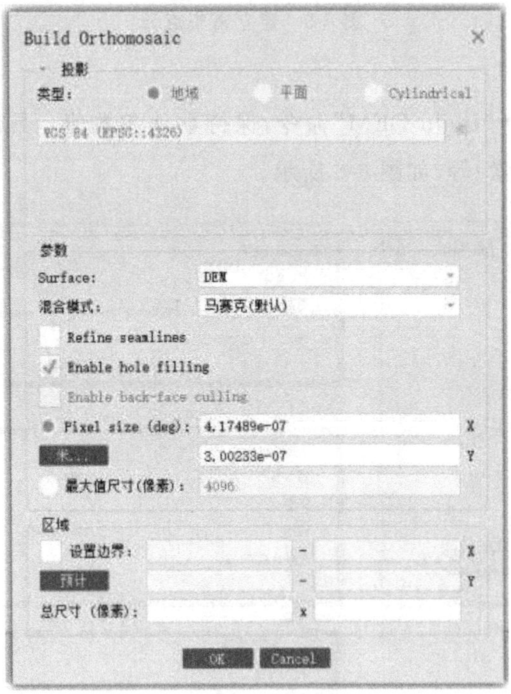

图 6-7 生成正射影像

6. 导出结果

经过上述步骤后,图像拼接完毕,选择"文件"→"导出"命令,导出拼接成果。以本章项目为例,最终拼接好的正射影像如图 6-8 所示。

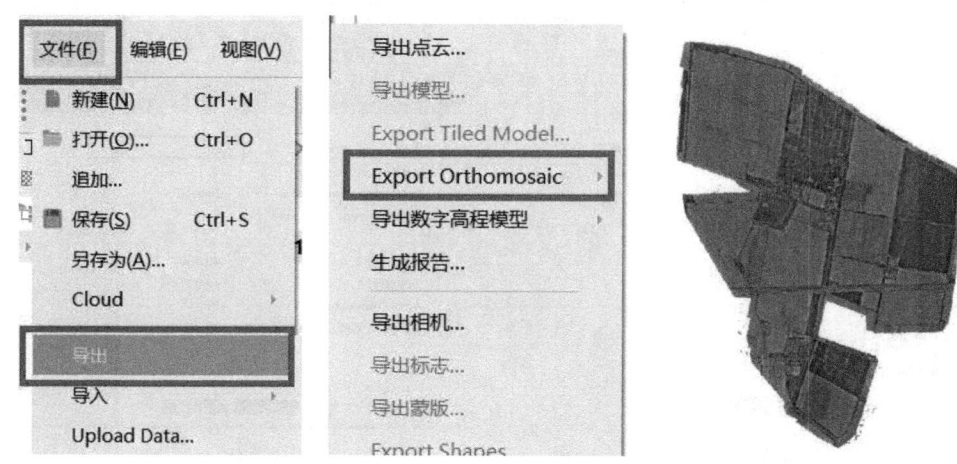

图 6-8　导出拼接结果

6.2.2　图像批量处理过程

考虑实际情况之后,选择将上述步骤生成批量化脚本,后续通过导入批量化的处理步骤,使 Photoscan 执行对图片的对齐→生成密集点云→生成 DEM→生成 DOM 的处理过程。在具体的图片拼接过程中,用户可以根据情况增加对齐照片的次数,以保证前期的操作的图片的处理精度的结果。具体过程如图 6-9 所示。

首先,在批量处理中选择添加,在添加的界面可以看到我们需要处理的步骤,如图 6-9 (a)所示。第一步是对齐图片,在设置中对精度进行调整,如图 6-9(b)所示;第二步是优化对齐方式,保持默认参数值,如图 6-9(c)所示,在拼接图像的过程中可以适当重复前两步,以确保后续步骤的正常进行;第三步是生成密集点云,可以在设置中对精度进行调整,如图 6-9(d)所示;第四步是生成 DEM,如图 6-9(e)所示;第五步是生成 Orthomosaic,如图 6-9(f)所示。最后,得到添加了所有操作步骤的批量处理页面,单击"OK"按钮,Photoscan 会开始对图片执行这些步骤,如图 6-9(g)所示。

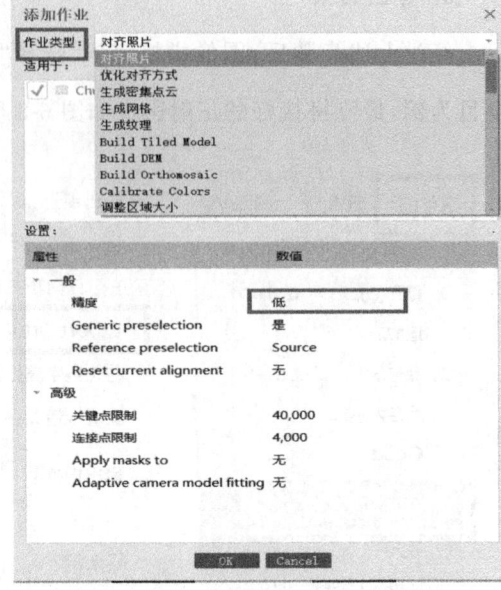
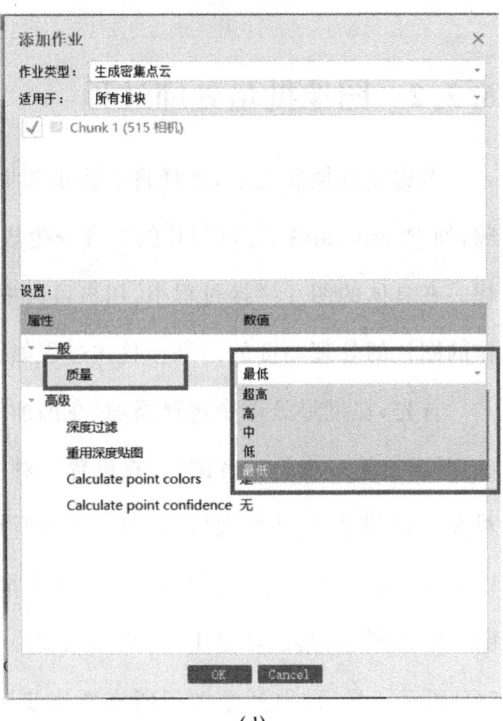

(a)　　　　　　　　　　　　(b)

(c)　　　　　　　　　　　　(d)

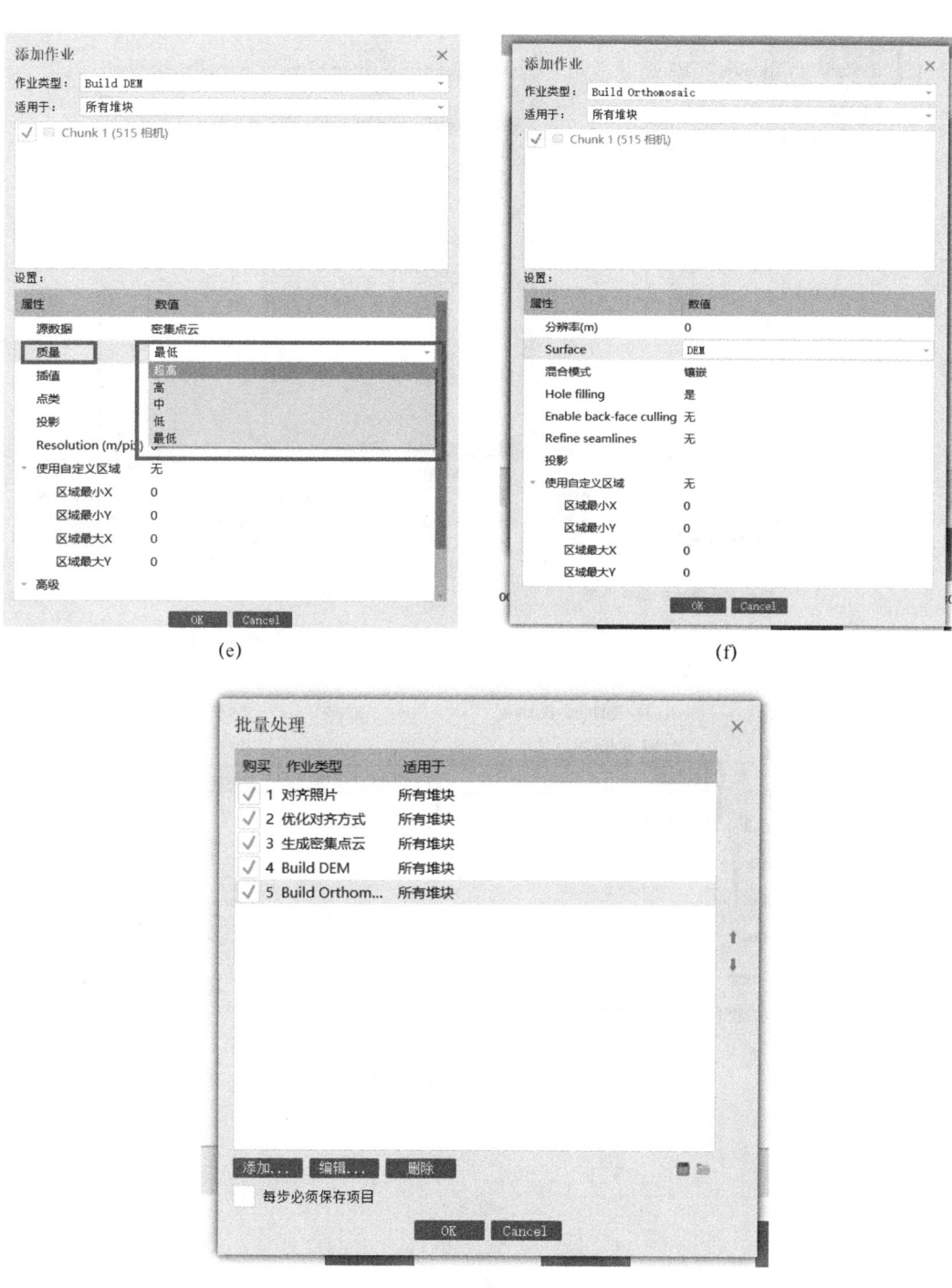

图 6-9　手动添加处理步骤

生成的脚本文件可以通过导入的方式直接使用，便于操作，如图 6-10 所示。

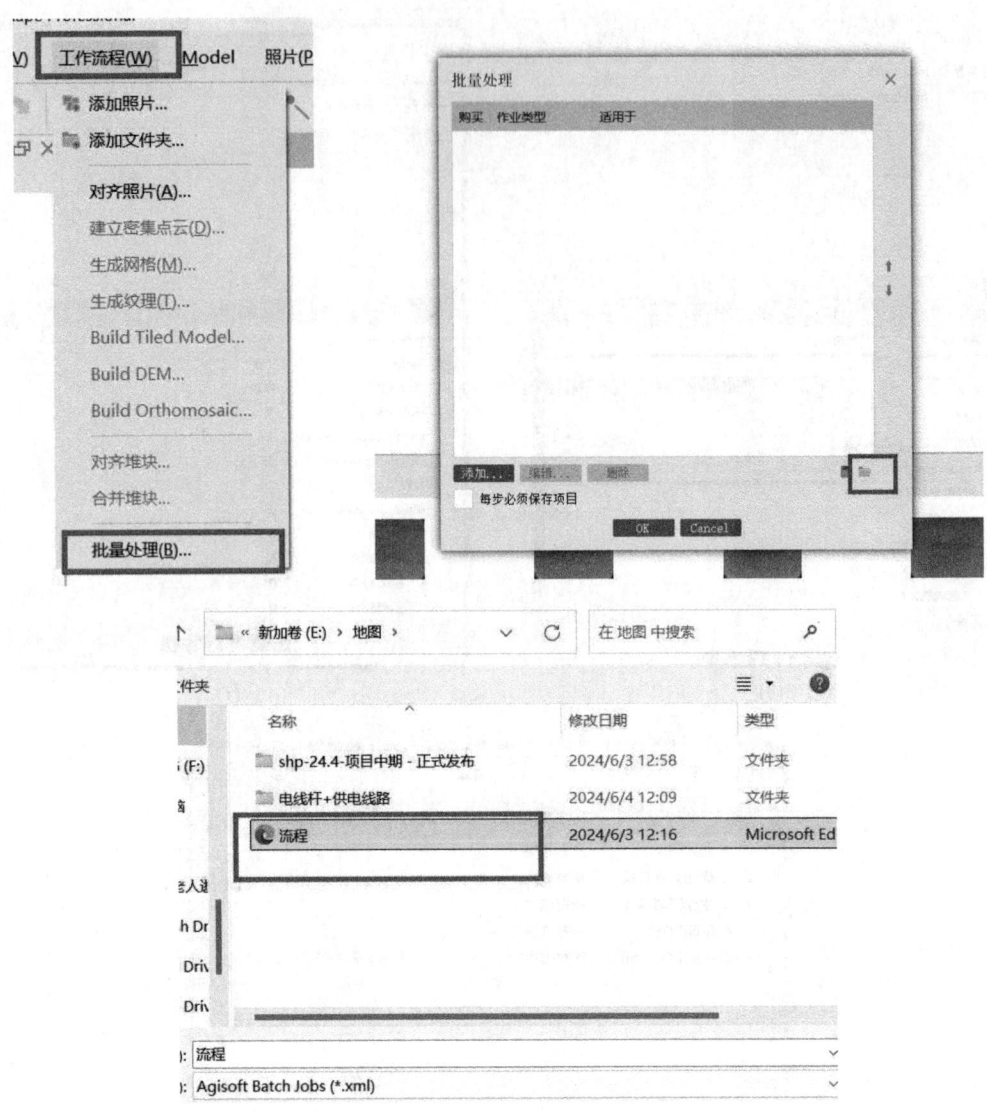

图 6-10　导入脚本文件

第 7 章 矢量数据生产

7.1 参照标准

(1) GB/T 20257.1—2017《1∶500、1∶1 000、1∶2 000大比例尺地形图图式》

该标准是由国家测绘局测绘标准化研究所、北京测绘设计研究院、建设综合勘察研究设计院起草,由中华人民共和国国家质量监督检验检疫总局、中国国家标准化管理委员会于2017年10月14日发布,2018年5月1日实施。

该标准规定了1∶500、1∶1 000、1∶2 000比例尺地形图上各种地物、地貌要素的符号、注记和图廓整饰,以及使用这些符号的方法和基本要求。该标准适用于上述比例尺地形图的测绘,并可作为编制地理底图或相近比例尺地图的参考。

(2) TD/T 1055—2019《第三次全国国土调查技术规程》

该标准是由中国国土勘测规划院、自然资源部自然资源调查监测司起草,由中华人民共和国自然资源部于2019年1月28日发布,2019年2月1日实施。

该规程明确了第三次全国国土调查(以下简称"三调")的总体原则与要求,遥感正射影像图制作及内业信息提取、土地权属调查、农村土地利用现状调查、城镇村庄内部土地利用现状调查、专项调查、数据库建设、统计汇总、成果核查及数据库质量检查、统一时点更新、成果检查及资料归档等各环节的方法和技术路线。与"二调"相比,"三调"在技术方法与手段、调查精度与质量控制、工作程序与组织模式上均有显著优化,包括国家统一制作高分辨率影像图;采用城乡一体化调查技术路线;引入"互联网+"核查技术以提高成果质量,并将调查比例尺提升至1∶5 000以增强精度,同时线状地物图斑化处理,便于成果管理与应用。

7.2 矢量数据生产软件

GIS软件是GIS系统的核心,用于执行GIS的各种操作,包括数据输入、处理、数据库管理、空间分析和图形用户界面等。随着地理信息技术的发展,国内外已有多家公司、高校、研究机构参与 GIS 软件的研发,其中,国外 GIS 软件以 ArcGIS 和 MapInfo 为代表,国内 GIS 软件以 SuperMap、GeoStar 和 MapGIS 为代表,开源软件以 QGIS 为代表,具体的代表性 GIS 软件如表 7-1 所示。

表 7-1 代表性 GIS 软件

公司名称	产品桌面	组件产品	网络 GIS	软件 logo
ESRI	ArcView ArcEditor ArcMap	ArcObject MapObject	ArcIMS ArcServer	
MapInfo	MapInfo Professional	MapInfo MapBasic MapInfo MapX	MapInfo MapXtreme	
北京超图软件股份有限公司	SuperMap Deskpro Editor Survey	SuperMap Object SuperForm	SuperMapIS	
吉奥时空信息技术股份有限公司	GeoStar	GeoMap	GeoSurf	
中国地质大学(武汉)信息工程学院	MapGIS	MapGIS	MapGIS-IMS	
OSGeo	QGIS	QGIS	QGIS Server QGIS Web Client	

ESRI 开发的 ArcGIS 作为世界上应用最为广泛的 GIS 软件,是 GIS 领域的标准。它是通过整合 GIS 与数据库、软件工程、人工智能、网络技术及其他方面的计算机主流技术,成功开发出的新一代 GIS 平台。

MapInfo 作为一款大众化小型桌面 GIS 软件,其使用简单,具有较强的制图能力,在数据查询、地理编码服务、智能带状导航方面具有一定优势。

北京超图软件股份有限公司是亚洲最大的地理信息平台软件企业,依托中国科学院强大的科研实力,超图软件立足技术创新,研制了新一代地理信息系统软件 SuperMap,形成了全系列 GIS 软件产品。

GeoStar 是大型国产自主知识产权的地理信息系统基础软件平台，GeoStar 基于组件开发，支持多种数据库引擎，提供数据管理、图形编辑、空间分析、空间查询、制图、数据转换等功能。

自 20 世纪 80 年代以来，中国地质大学（武汉）信息工程学院，开展了 GIS 软件开发以及 GIS 应用系统的研究，通过十几年数字制图软件开发的实践，目前 MapGIS 软件日趋成熟。MapGIS 是一个集合当代先进图形（像）、地理、地质、遥感、测绘、人工智能和计算机科学等于一体的大型智能型软件系统。

除了上述商业性、封闭的 GIS 平台软件，开源、免费的 GIS 软件也是 GIS 技术和产业发展中的重要力量。以开源地理空间基金会（open source geospatial foundation，OSGeo）为首的非营利组织迅速发展，其不断产出和发展简单易用、可扩展性强的 GIS 软件与工具，其中 QGIS 就是一款 OSGeo 发布的软件。2002 年，Gray Sherman 创立了 QGIS，在 2007 年由 OSGeo 接管，并于 2009 年发布了 1.0 版本。QGIS 是一款开源的 GIS 软件，主要采用 C++语言开发，基于 Qt 构建界面。QGIS 与其他开源软件一样，研发速度很快，几乎每个月都会推出一个新版本，并且每年会推出一个长期支持版本（long term release，LTR）。相较于最新的 QGIS 版本，长期支持版本更加稳定。

QGIS 软件具有兼容性强、用户界面友好、可扩展性强、支持多种数据格式等特点，具体如下。

① 兼容性强：QGIS 可以运行在 Windows、Mac OS、Linux 等常见操作系统中，具有较强的兼容性。

② 用户界面友好：QGIS 基于 Qt 平台构建图形用户界面，用户界面直观，易于使用。

③ 可扩展性强：QGIS 具有全球各地开发者提供的众多插件，用户可以轻松地从官方渠道获得并安装特定功能插件。

④ 支持多种数据格式：QGIS 对各种栅格数据和矢量数据支持性强，支持常见地理空间数据格式，如：Shapefile、coverages、GeoTiff 等。此外，QGIS 还可以访问 Postgre、MySQL、SQLite 等数据库。

目前，QGIS 已经具备非常完整且实用的 GIS 功能，QGIS 的官方网站为 https://www.qgis.org，其源代码地址为 https://github.com/qgis/QGIS。综上所述，本书选择 QGIS 作为矢量数据生产软件。

7.3 图层及要素设计

图层及要素设计是地理信息系统（GIS）领域中的核心组成部分。图层将空间信息按其几何特征及属性划分成专题数据,以组织不同数据元素,如地形、建筑、装饰物等,使复杂地理空间数据的不同部分得到更有效的管理。用户可以开启或关闭某些图层,从而根据需要查看地理空间数据的不同部分或细节,且图层可以与属性表关联,用户可以查看图层中每个要素的属性信息。每一个图层都是由同一类型的要素组成的。要素是空间矢量数据的基本构成单元,代表了地理空间中的点、线、面等几何特征,以及与之相关的属性信息。要素的几何特征和属性信息能够准确无误地反映实际情况,覆盖所需表达的空间范围和属性信息,且不同要素之间的几何特征和属性信息应该保持一致性和协调性。

本节以项目示范区为案例,介绍图层及要素设计。根据新疆昌吉华兴农场的实地调研,并结合农机的实际应用场景,将农场地物要素分为静态数据层和动态数据层,静态数据层又分为地块信息层、田间障碍物层、农场基础信息层,具体如图 7-1 所示。

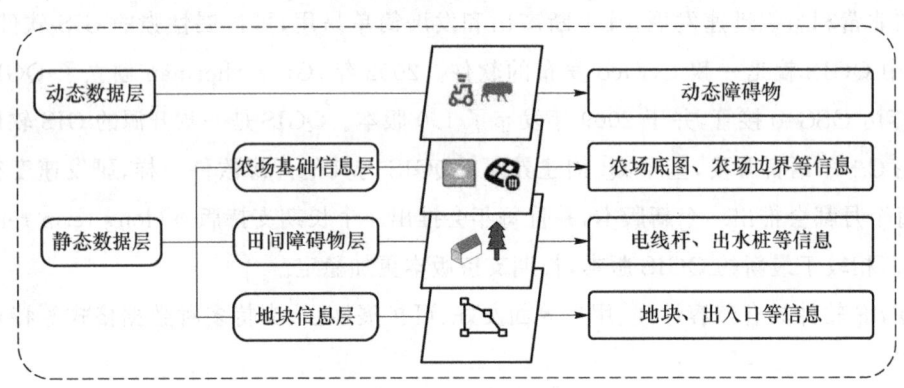

图 7-1　地理空间数据图层架构

（1）静态数据层

静态数据层的主要目的是精准刻画静态环境,提供丰富的语义信息。本章将其分为农场基础信息层、地块信息层和田间障碍物信息层。农场基础信息层包括农场底图、农场边界、道路、林带、渠系、建筑物等,主要用于农场管理和农场路网生成等。地块信息层包括地块、出入口等信息,主要用于田间农机作业和路径规划。田间障碍物信息层主要是针对新疆地区农田中出水桩、电线杆等障碍物,以出水桩为例,新疆农田灌溉系统中的出水桩作为关键的水利设施,具有引水灌溉、分配和控制水流、自动开关功能等作用。而出水桩等要素作为障碍物层主要用于农机路径规划和农场的全局规划,确保作业路径能够规避地块内的静态障碍物。

（2）动态数据层

动态数据层主要用于管理系统感知辨识动态障碍物,该图层存储来自传感器、路侧设施或同一机群其他农机观察到的动态障碍物,以满足实时性需求和生成安全可靠的动态作业路径。

结合上述内容确定农场示范区内与地块相关的16类地物要素,分别为出水桩、电线杆、供电线路、出入口引导点、出入口、闸阀井、机井、建筑物、道路、道路线、水闸、水渠、蓄水池、林带、地块、边界。这16类地物要素仅包含了地块信息层和田间障碍物层,本章未绘制作业信息层和动态感知层的相关要素,也未绘制图层覆盖顺序。

① 出水桩:标记农田出水口的位置,以便在灌溉时找到灌溉出口,通过绘制点来表示。

② 电线杆:标记电线杆的位置,提供电力保障,农田内部的电线杆有助于合理规划农田作业,通过绘制点来表示。

③ 供电线路:通过电线杆的位置,将电线杆根据农田实际的线路走向进行标记,为农田提供可靠的电力供应,通过绘制线表示。

④ 出入口引导点:标记农田出入口的位置,以便农户或农机进入相应地块,通过绘制点来表示。

⑤ 出入口:标记农田的出入口范围,方便农户或农机进入相应地块,通过绘制面来表示。

⑥ 闸阀井:控制农田地块中水流走向的闸阀装置,方便农户调控灌溉水源,通过绘制面来表示。

⑦ 机井:标记农田内的机械取水井,为灌溉和供水提供水源支持,方便农户对水源进行管理和调控,通过绘制面来表示。

⑧ 建筑物:标记农田内的各类建筑物,包括仓库、机站、水泵房等,通过绘制面来表示。

⑨ 道路:标记农田道路位置,方便农户或农机在农田内通行,通过绘制面来表示。

⑩ 道路线:标记道路的走向和大小,方便农户或农机在农田内作业,通过绘制线来表示。

⑪ 水闸:控制农田水域的流向和水位,通过绘制面来表示。

⑫ 水渠:标记农田内的水渠位置,保证水源的顺利流向,通过绘制面来表示。

⑬ 蓄水池:标记示范农田中水源储存位置,通过泵房控制蓄水池水源进行浇灌,通过绘制面来表示。

⑭ 林带:标记示范农田的具体林带范围,通过绘制面来表示。

⑮ 地块:标记各个地块,以了解各地块的位置、大小、边界等,通过绘制面来表示。

⑯ 边界:标记示范区具体的边界,通过绘制面来表示。

7.4 矢量图层勾绘

地图矢量化是将栅格图像数据转换为矢量格式的关键过程。通过地图矢量化极大地提升了数据的精度、可编辑性和灵活性,并提供了多级比例尺转换、复杂查询与空间分析功能,促进了地理信息在多个领域的共享与应用。本节以华兴农场项目示范区为案例,介绍利用 QGIS 软件实现对农场航摄图像矢量化。

将项目示范区正射影像导入 QGIS 中,打开 QGIS。在菜单栏上选择"Layer"→"Add Layer"→"Add Raster Layer…"命令,选择栅格文件,单击"打开"按钮,如图 7-2 所示。将拼接好的正射影像导入 QGIS,图 7-3 为华兴农场项目示范区正射影像。

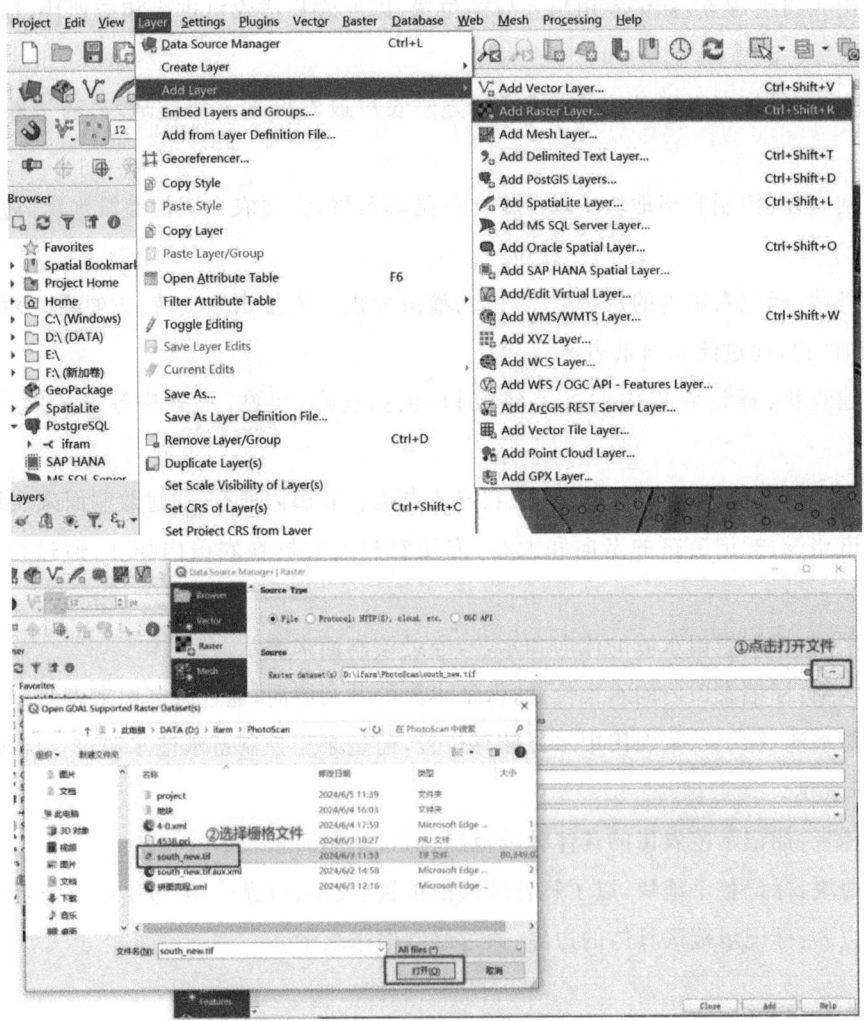

图 7-2 添加栅格文件

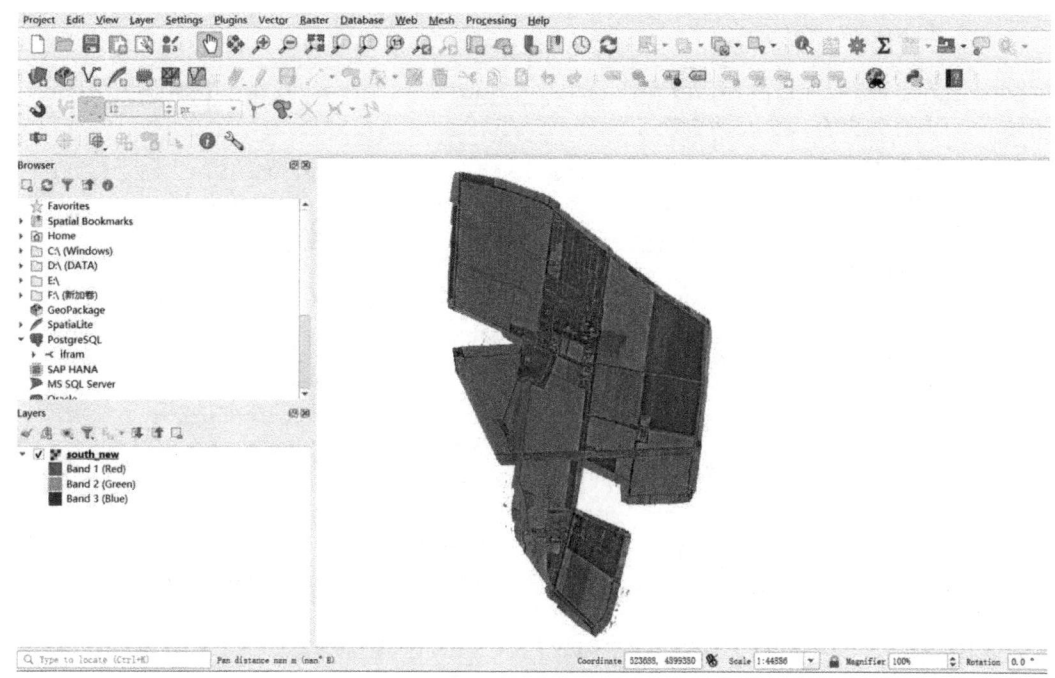

图 7-3 将项目示范区正射影像导入 QGIS

根据 7.3 节确定的农场示范区内与地块相关的 16 类地物要素,将这 16 类地物要素分为 16 个图层,确定各图层绘制规范,生成矢量图层。根据各图层要素特点,分别将不同要素分为点、线、面 3 种类别,分别选取 3 种类别中任意一种或两种图层要素说明其绘制规范,其中点类别选取出水桩为例,线类别选取供电线路为例,面类别选取地块为例。此外还有复合类型,即同一要素存在两种类型,如道路有线类别和面类别两种,道路要素设计为两种类型是为后续自主农机、智能化农场管理等提供帮助。

1. 点类别矢量图层

在菜单栏上选择"Layer"→"Create Layer"→"New Shapefile Layer…"命令,新建 Shapefile 图层。为图层设置几何类型和属性,如图 7-4 所示。其中:设置"File name"为"riser.shp",表示出水桩图层;选择"Geometry type"为"Point",即点类别。以出水桩为例,设置属性"plo_id"表示所属地块,"id_code"表示出水桩编码方式。

新建出水桩图层后,将其切换为编辑状态,添加点按钮来创建出水桩,如图 7-5 所示。创建完成后,输入各项属性值,然后单击"OK"按钮,如图 7-6 所示。

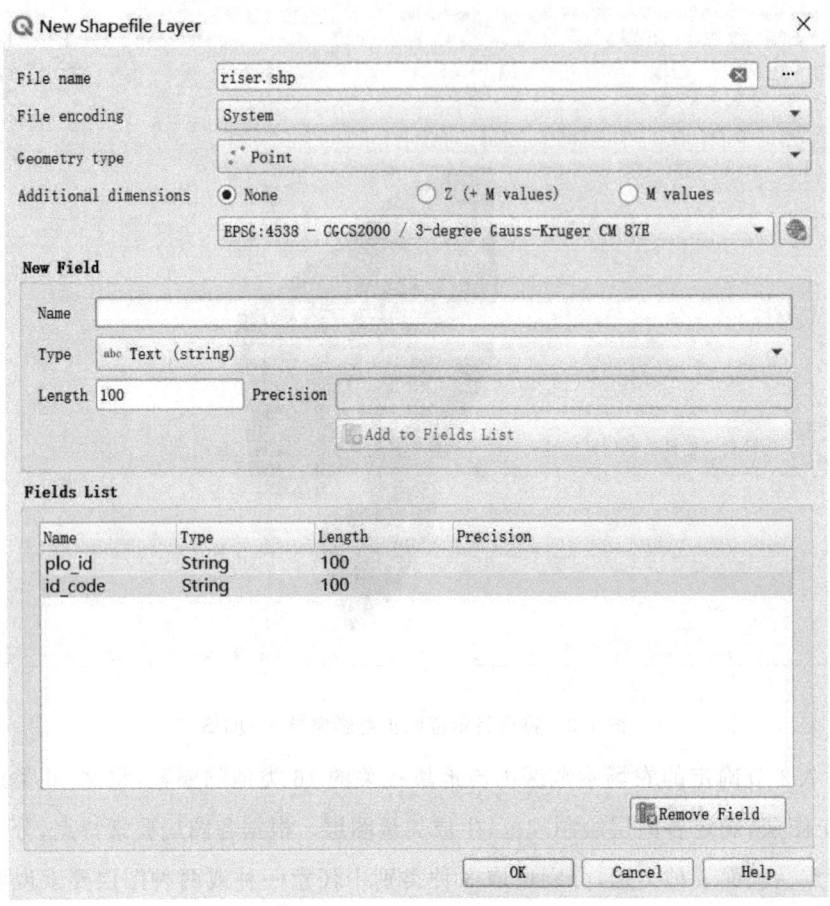

图7-4 图层点类别和属性设置

图7-5 编辑状态和创建点按钮

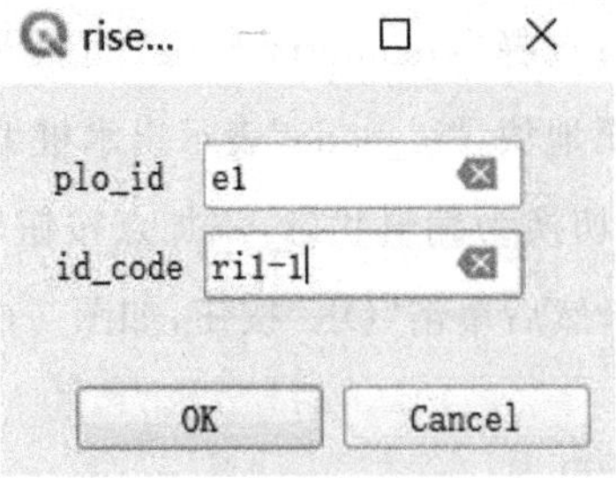

图7-6 创建点类型和添加属性

出水桩绘制结果如图 7-7 所示。绘制成点，以实物位置来绘制；对于被植被、林带遮挡住的闸阀井，后续要进行详细的外业调绘，以获取准确位置。

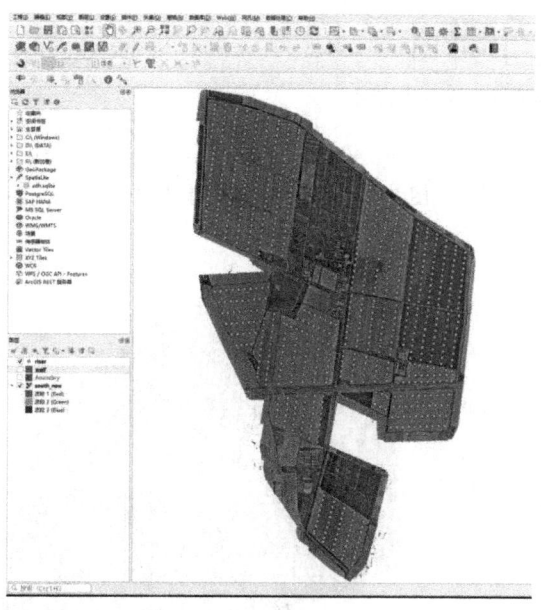

图 7-7　出水桩绘制

2. 线类别矢量图层

新建线类别矢量图层与点类别基本一致，在新建的 Shapefile 中将"Geometry type"设置为"LineString"，即线类别。以供电线路为例，设置属性"id_code"表示供电线路编码方式，"tall"表示供电线路的高度，具体如图 7-8 所示。

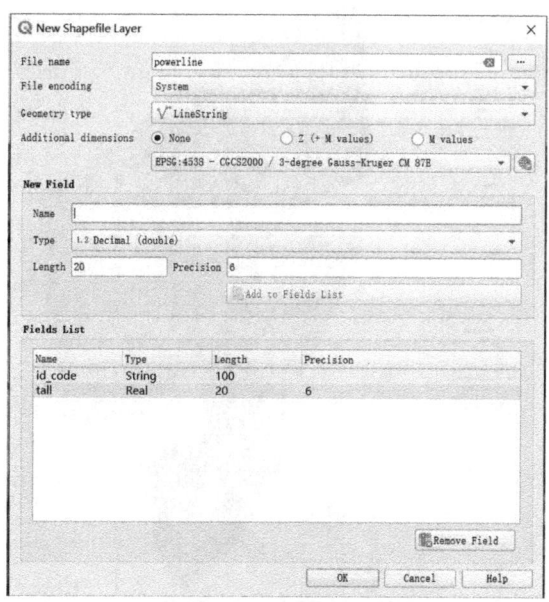

图 7-8　图层线类别和属性设置

新建供电线路图层后,将其切换为编辑状态,添加线按钮来创建供电线路,如图 7-9 所示。创建完成后,输入各项属性值,然后单击"OK"按钮,如图 7-10 所示。

图 7-9　编辑状态和创建线按钮

图 7-10　创建线类型和添加属性

供电线路绘制结果如图 7-11 所示。绘制成线,根据已绘制好的电线杆图层,从北向南、从西向东,将电线杆连接绘制供电线路。

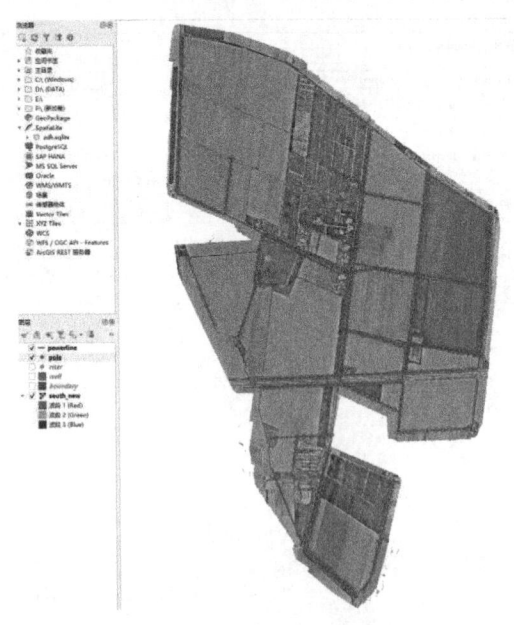

图 7-11　供电线路绘制

3. 面类别矢量图层

新建面类别矢量图层与点类别基本一致,面类别中将"Geometry type"设置为"Polygon",即面类别。以地块为例,设置属性"id_code"为地块编码方式,"name"为农场各地块的中文命名,"area"为各地块面积(m^2),"area_mu"为各地块面积(亩),"crop"为各地块种植的农作物,"ower_id"为区别该地块归属,具体如图 7-12 所示。

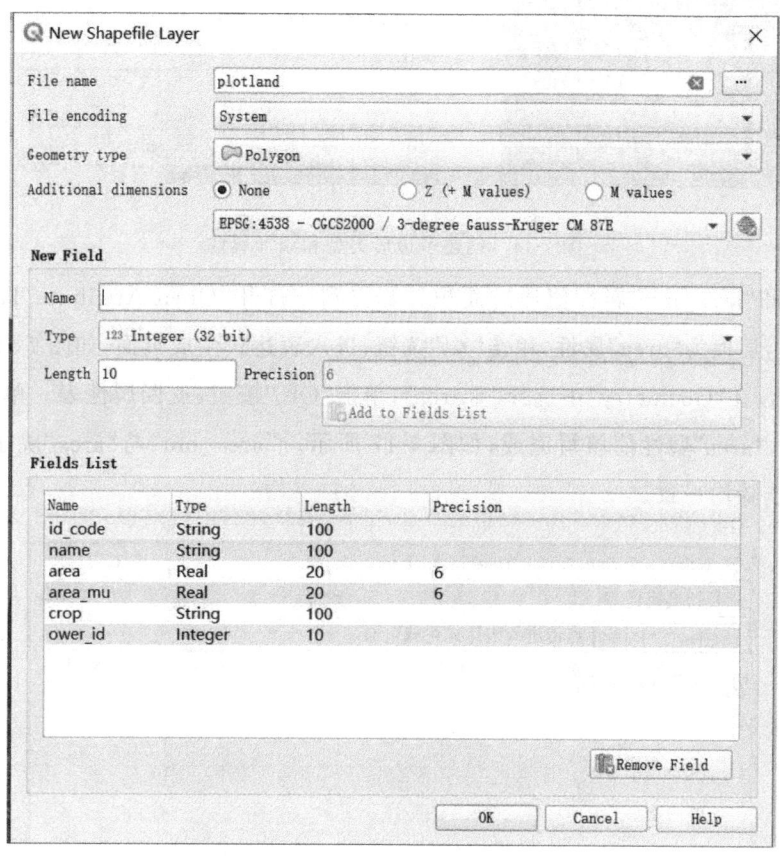

图 7-12　图层面类别和属性设置

新建地块图层后,将其切换为编辑状态,单击"多边形"按钮来创建地块,如图 7-13 所示。创建完成后,输入各项属性值,然后单击"OK"按钮,如图 7-14 所示。

图 7-13　编辑状态和创建多边形按钮

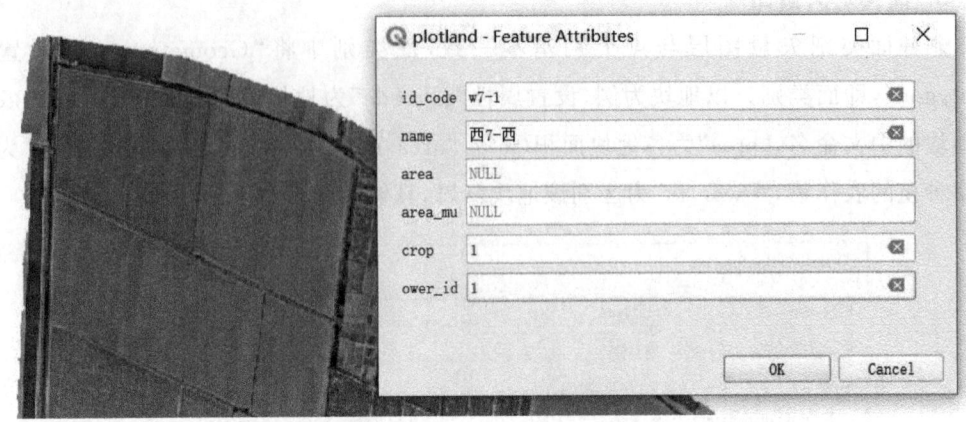

图 7-14 创建多边形类型和添加属性

"area"和"area_mu"属性值通过面积计算得到。打开"Open Attribute Table",单击"编辑"按钮,切换为"area"属性,单击"ε"按钮,进入表达式生成页面,如图 7-15 所示。如图 7-16 所示,在"Geometry"中选择"$ area",单击"OK"按钮,返回属性表。单击"Update All"按钮后,"area"属性值填写完成,如图 7-17 所示。"area_mu"与"area"除了在计算上不同,其余步骤均一致。

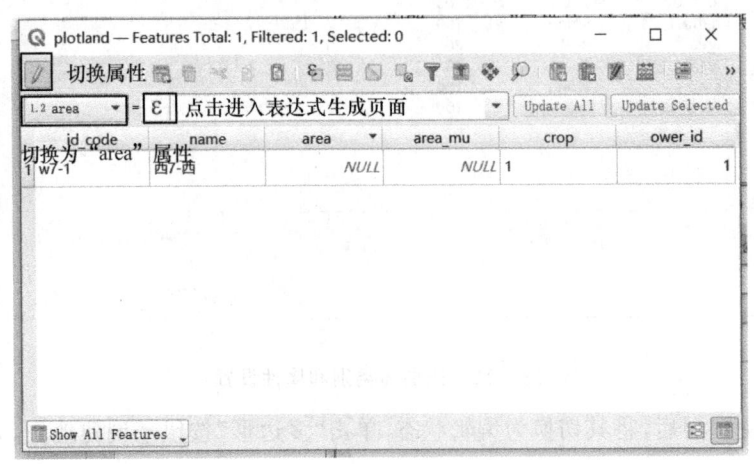

图 7-15 属性表编辑模式与进入表达式生成页面

地块绘制结果如图 7-18 所示。将地块绘制为多边形,以实物边界绘制,对于不规则地块后续要进行详细的外业调绘,以获取地块具体的边界。

根据各图层绘制规范生成矢量图层,矢量图层中详细记录了农场内的 16 种地物要素,如出水桩、电线杆、供电线路和出入口等。由于农场地图包含的要素复杂多样,在叠加各图层时,需要遵循图层相互叠加而互不影响的规则,示范区矢量图层如图 7-19 所示,

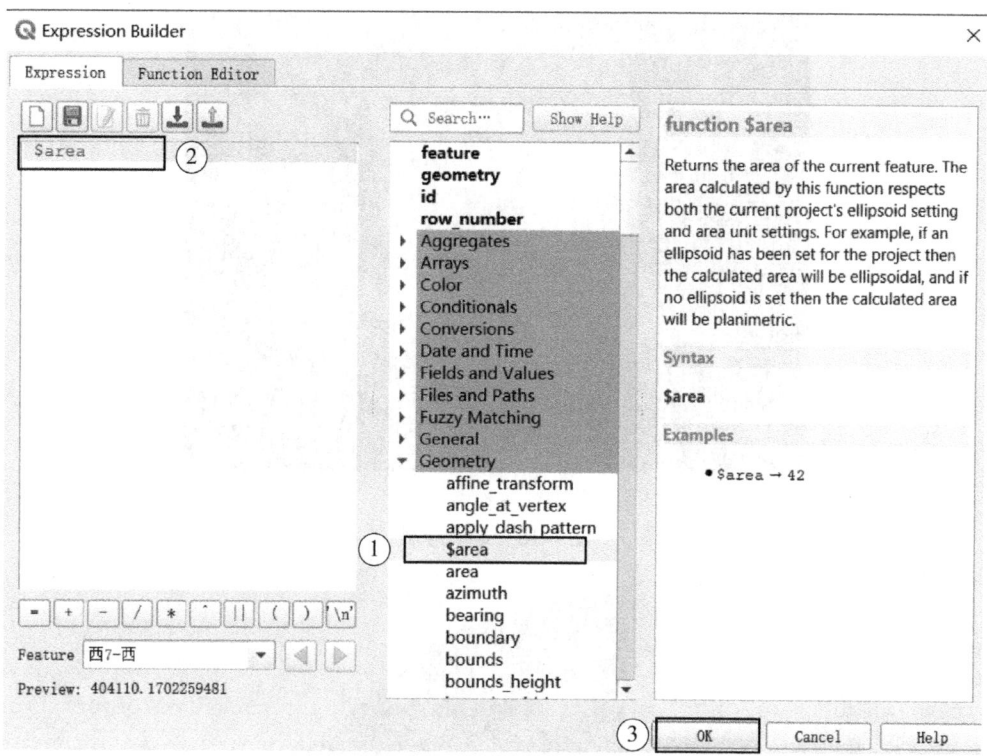

图 7-16 多边形类型面积计算

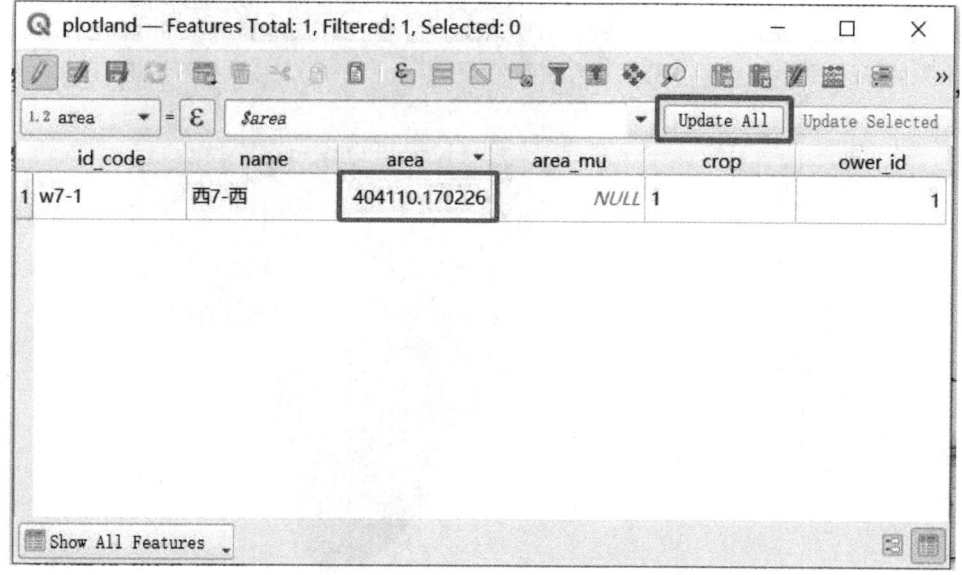

图 7-17 多边形面积

图 7-18 地块绘制

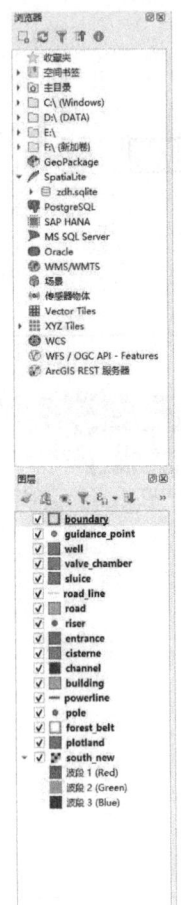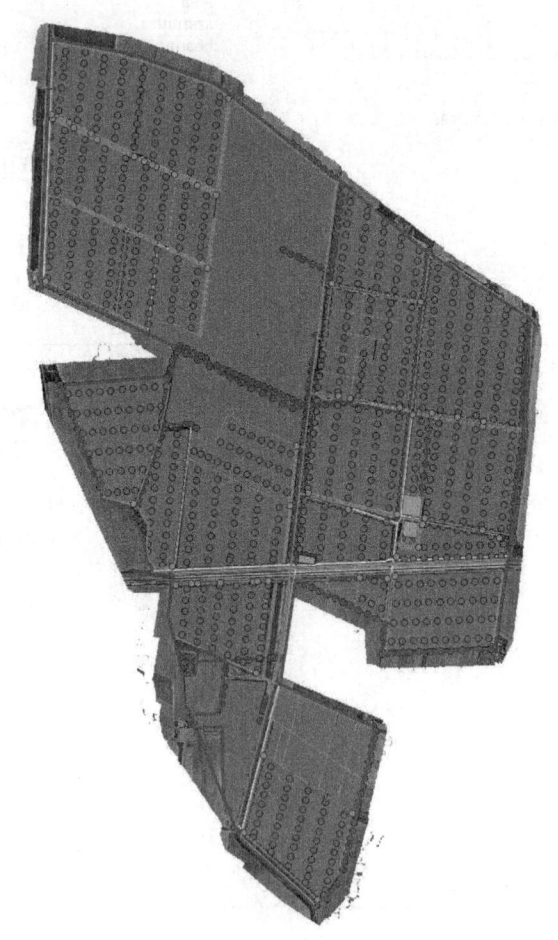

图 7-19 示范区矢量图层

16 类地物要素详细信息如表 7-2 所示。

表 7-2 16 类地物要素详细信息

序号	图层	英文名称	要素数量	要素类别
1	出水桩	riser	765	点
2	电线杆	pole	720	点
3	供电线路	powerline	82	线
4	出入口引导点	guidance_point	57	点
5	出入口	entrance	57	面
6	闸阀井	valve_chamber	111	面
7	机井	well	15	面
8	建筑物	building	40	面
9	道路	road	75	面
10	道路线	road_line	75	线
11	水闸	sluice	12	面
12	水渠	channel	10	面
13	蓄水池	cisterne	1	面
14	林带	forest_belt	73	面
15	地块	plotland	27	面
16	边界	boundary	1	面

7.5 样式设计

本章参考《1∶500、1∶1 000、1∶2 000 大比例尺地形图图式》和《第三次全国国土调查技术规程》,对农场示范区中出水桩、电线杆、供电线路、出入口引导点、出入口、闸阀井、机井、建筑物、道路、道路线、水闸、水渠、蓄水池、林带、地块、边界等 16 种要素进行样式标注。

QGIS 中具有大量的样式选项,可通过不同类型的符号来描绘不同要素,以提供丰富的视觉信息。在 QGIS 中可以使用样式管理器中已有的样式进行地理要素的描绘,此外,QGIS 中还包含由 QGIS 用户共享的样式集合,即在线样式库,为用户提供丰富的样式选择。本节以本次使用到的"三调样式库"为例,介绍在线样式库的导入。

① 如图 7-20 所示,单击"Settings"→"Style Manager"命令,打开样式管理,单击"Browse Online Styles"按钮打开在线样式库。

② 在在线样式库中,根据类型或名称浏览或搜索任何样式项。如图 7-21 所示,搜索"三调符号库"并下载。

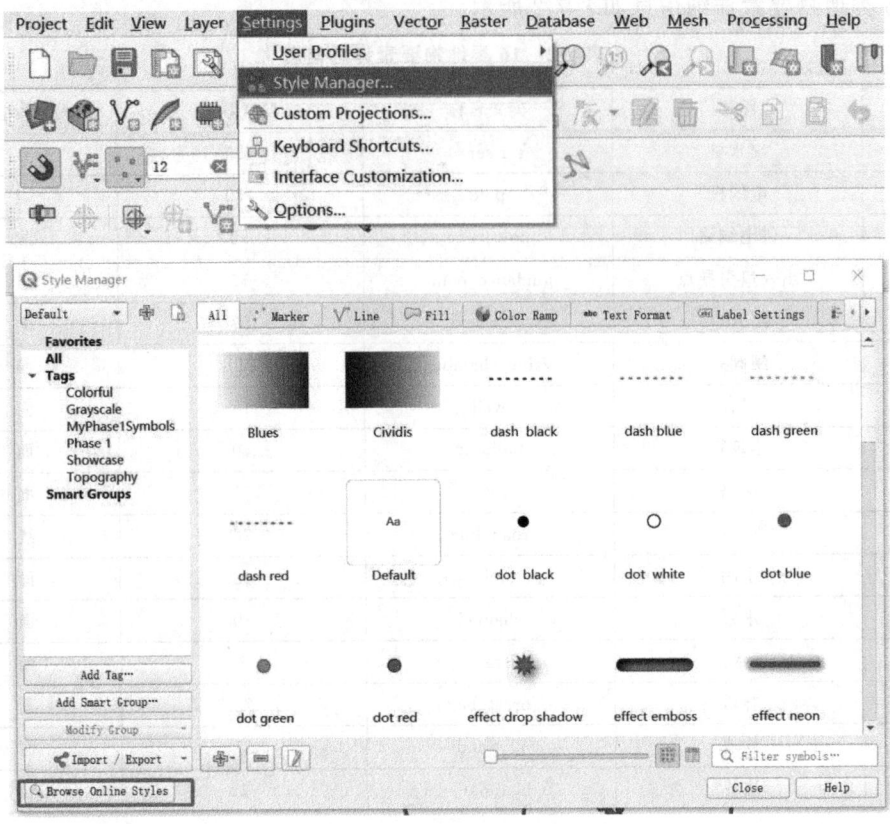

图 7-20　打开在线样式库

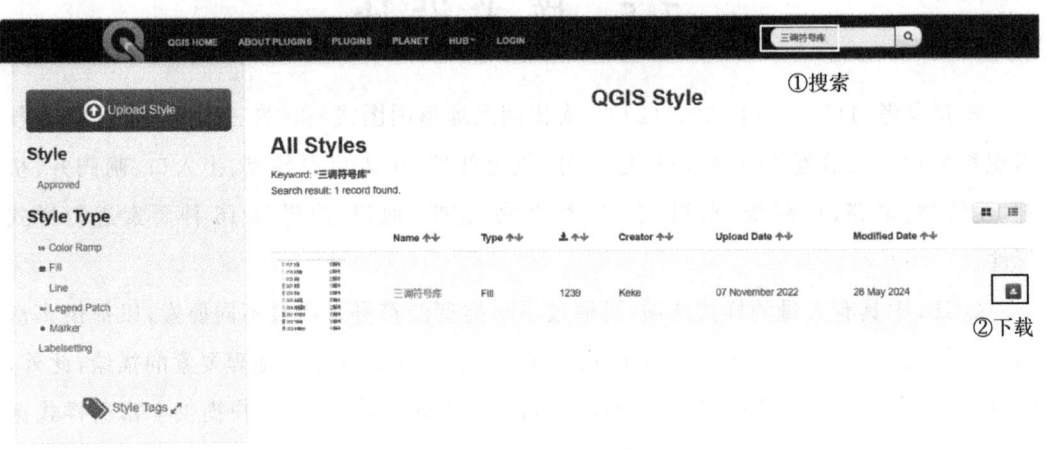

图 7-21　下载三调符号库

③ 将下载好的样式库导入 QGIS 的样式数据库。单击"Import/Export"→"Import Item(s)…"命令,选择下载好的三调符号库,即 .xml 文件,导入三调符号库中的所有样式,具体如图 7-22 所示。

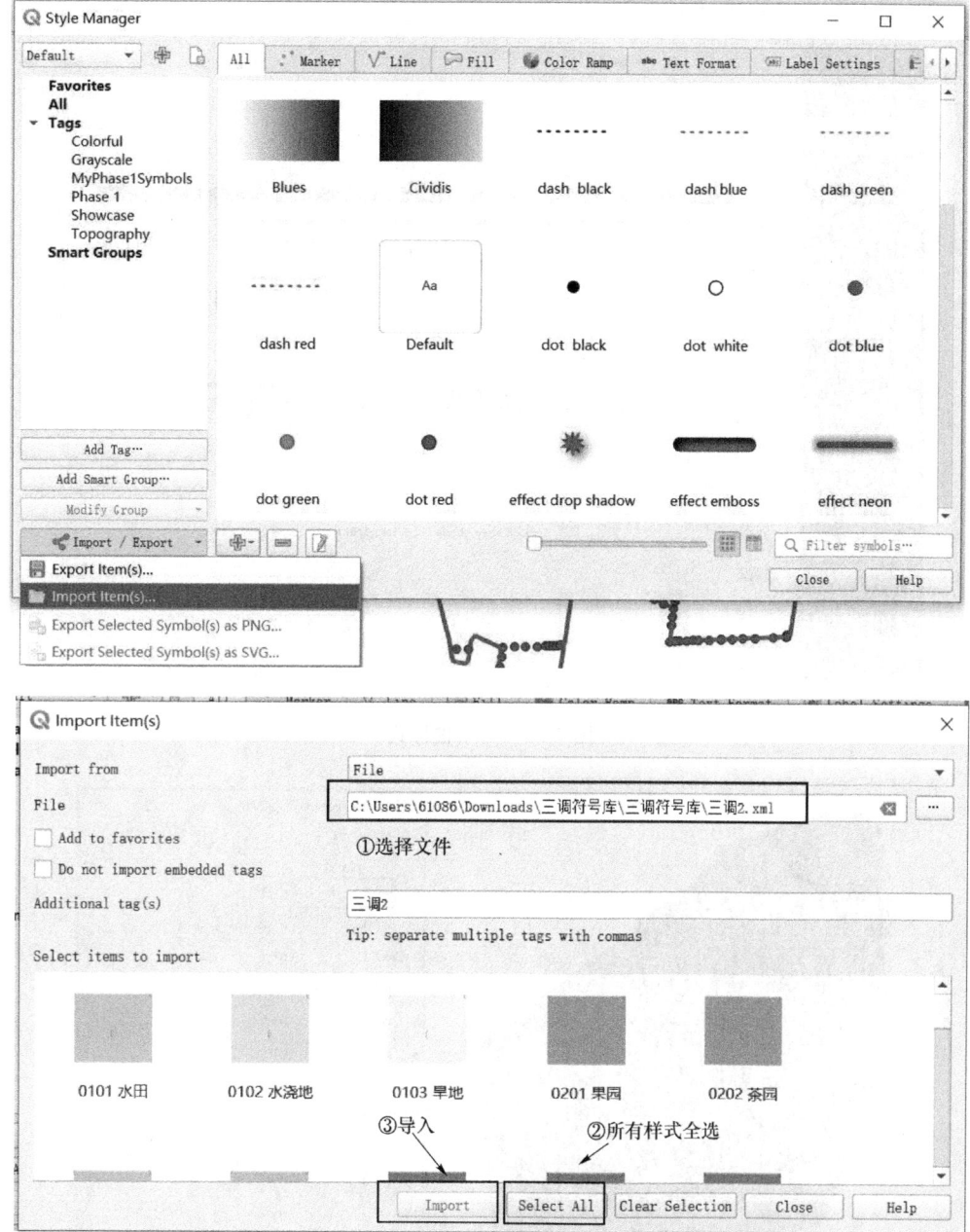

图 7-22　导入三调符号库

根据要素类型和样式,以出水桩、出入口引导点、供电线路、道路线、道路、水闸、地块、边界 8 种要素为例,进行样式标注。具体步骤如下。

① 出水桩,使用"Phase 1 Habitat Survey style"样式库的"H2.4"样式,大小为 1.0,颜色为标准蓝色,如图 7-23 所示。图 7-24 为出水桩数据图。

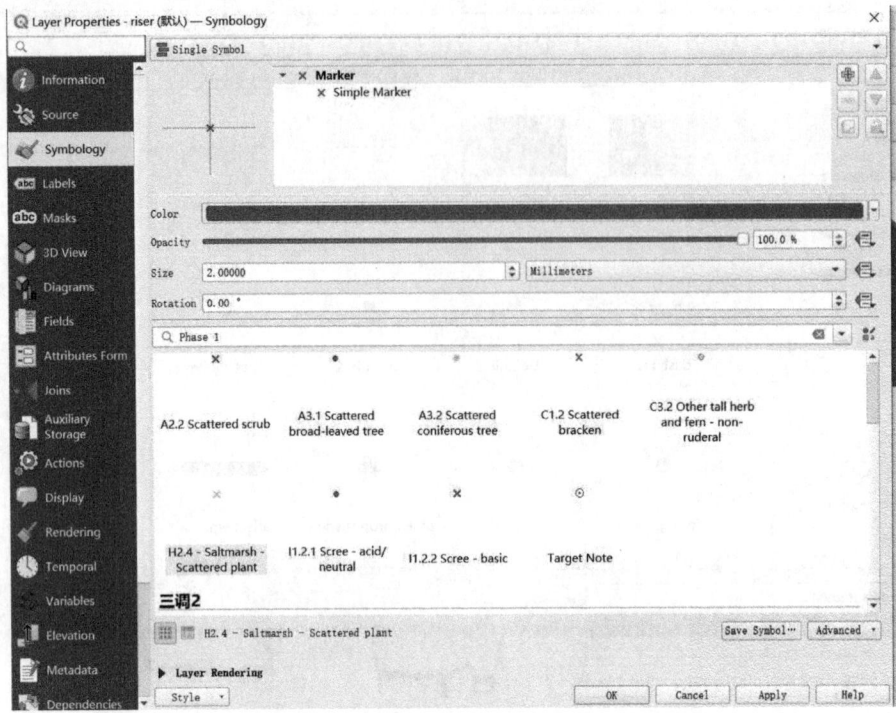

图 7-23 出水桩样式

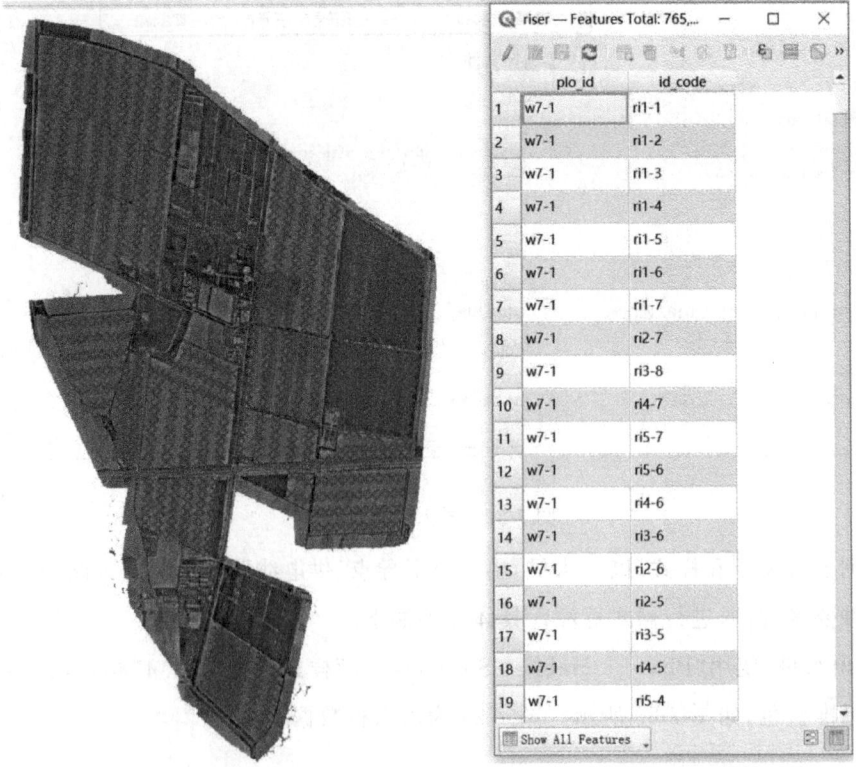

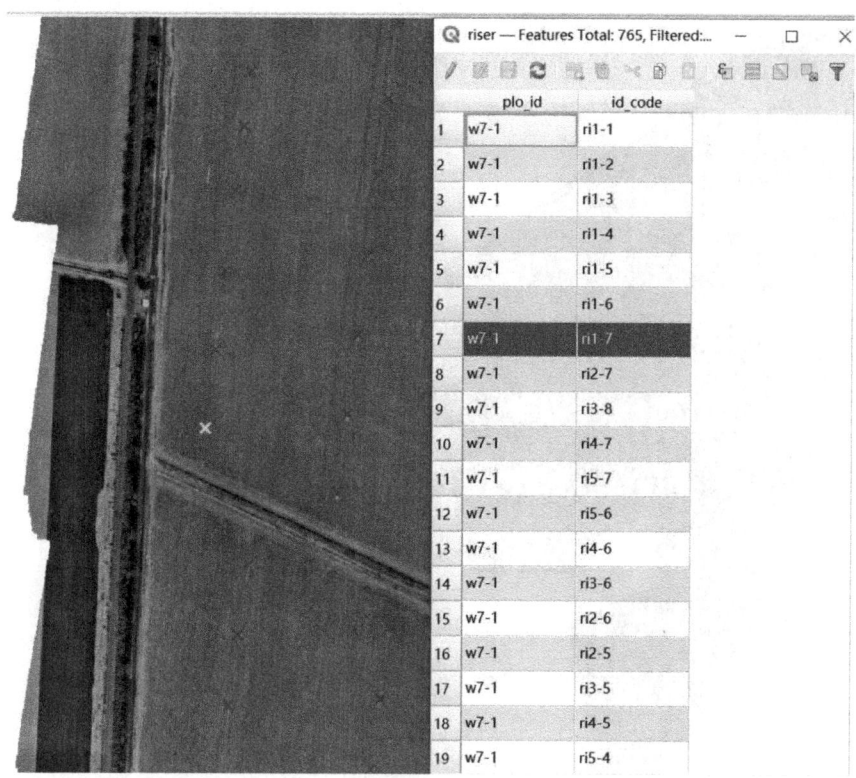

图 7-24 出水桩数据图

② 出入口引导点，使用简单标记，大小为 3.0，颜色为 #dfec1d，如图 7-25 所示。图 7-26 为出入口引导点数据图。

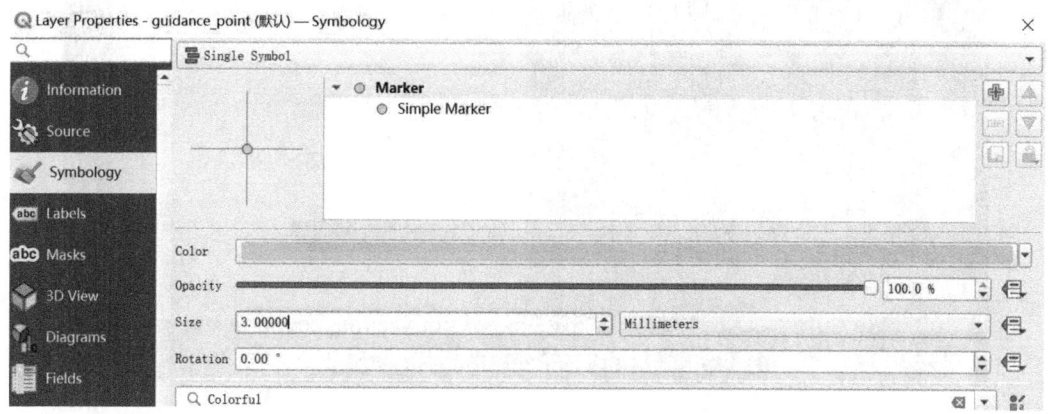

图 7-25 出入口引导点样式

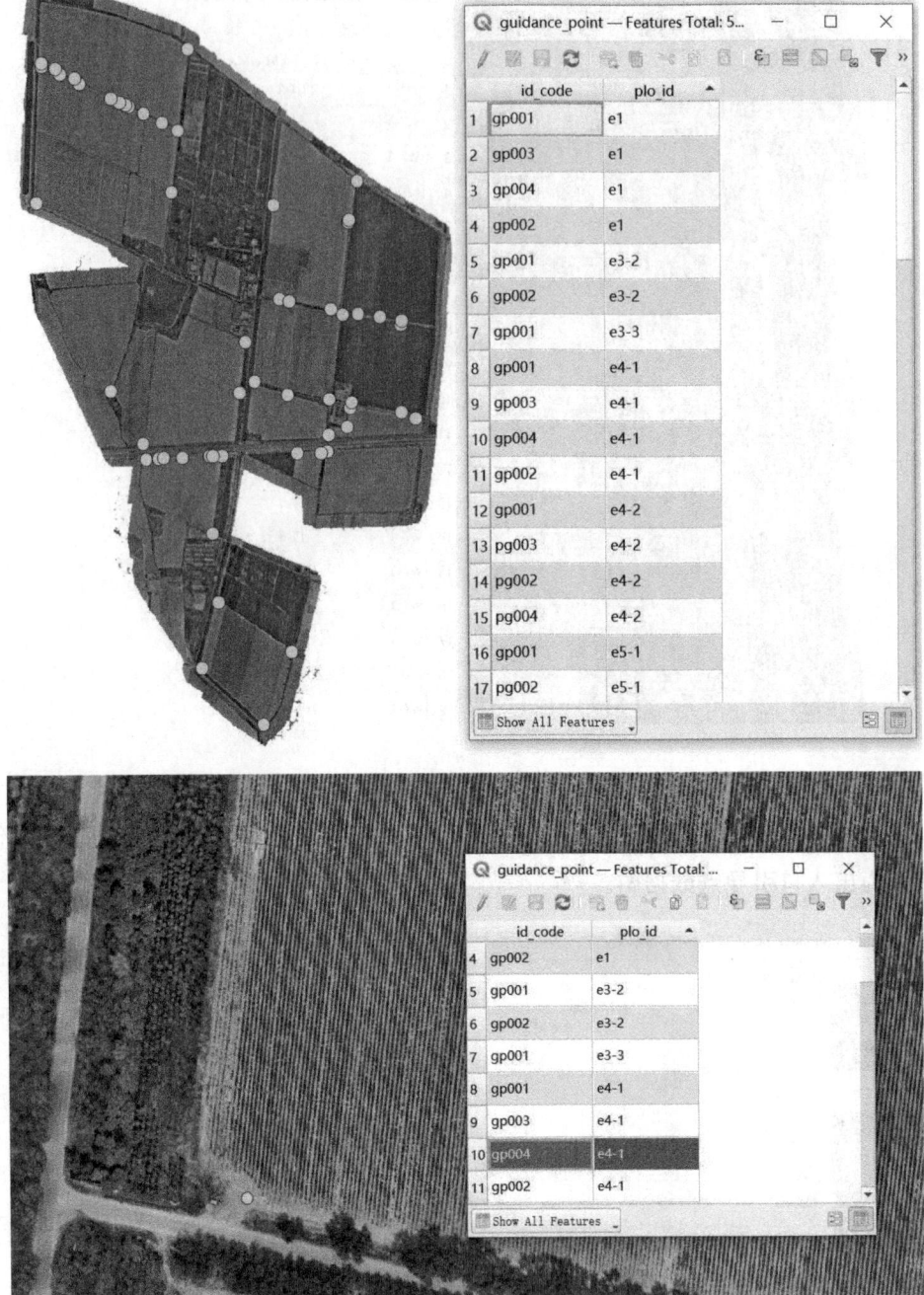

图 7-26　出入口引导点数据图

③ 供电线路，使用简单线样式，颜色为标准黑色，如图 7-27 所示。图 7-28 为供电线路数据图。

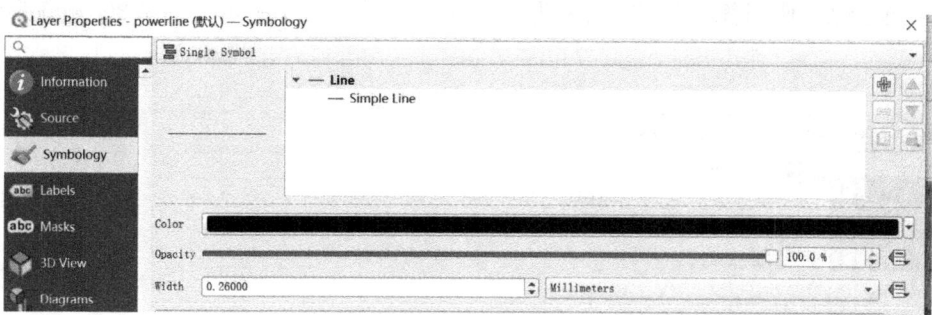

图 7-27 供电线路样式

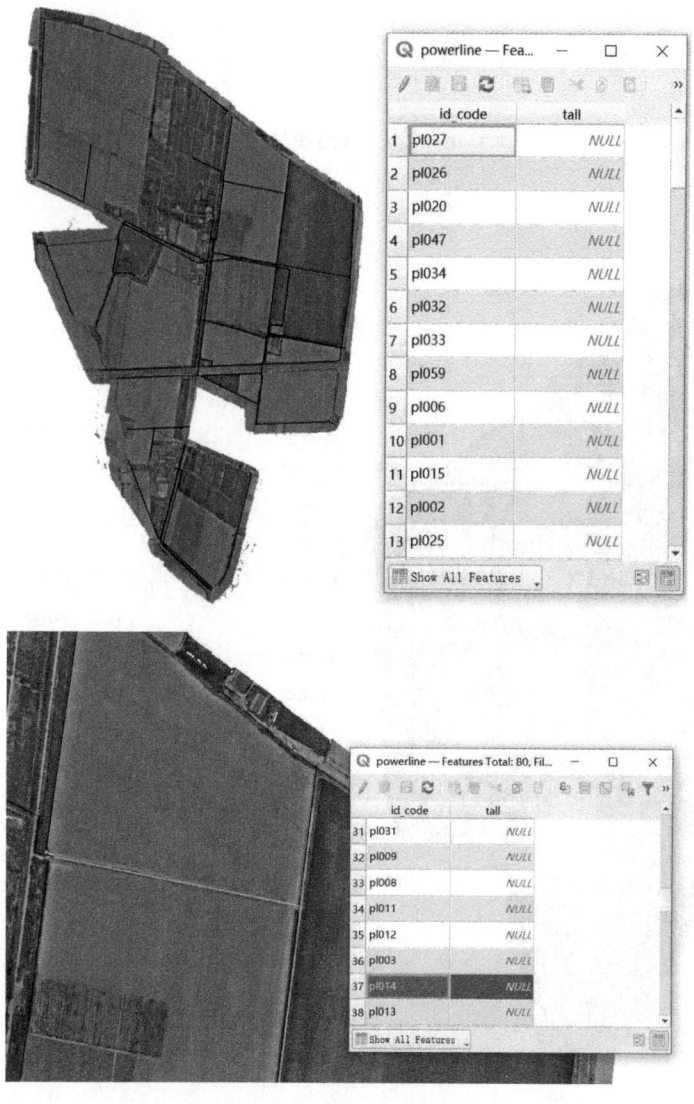

图 7-28 供电线路数据图

④ 道路线,使用简单填充,颜色为♯ac5b31,如图 7-29 所示。图 7-30 为道路线数据图。

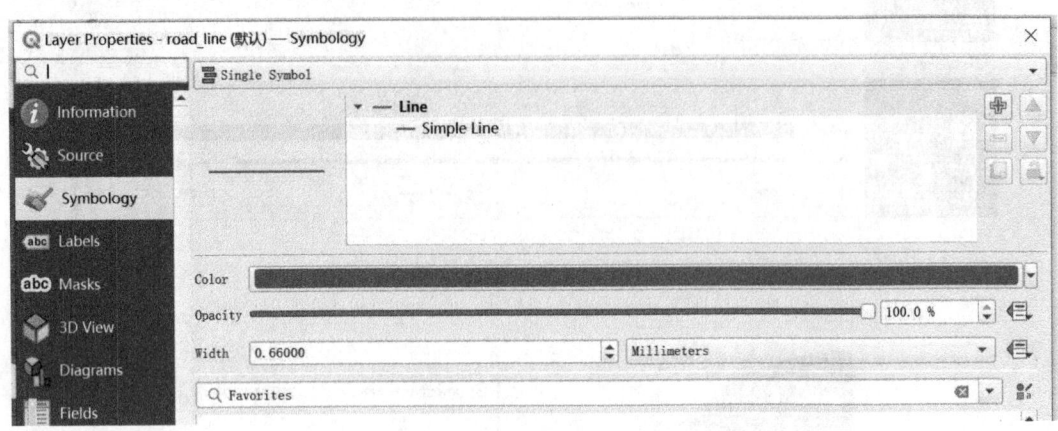

图 7-29 道路线样式

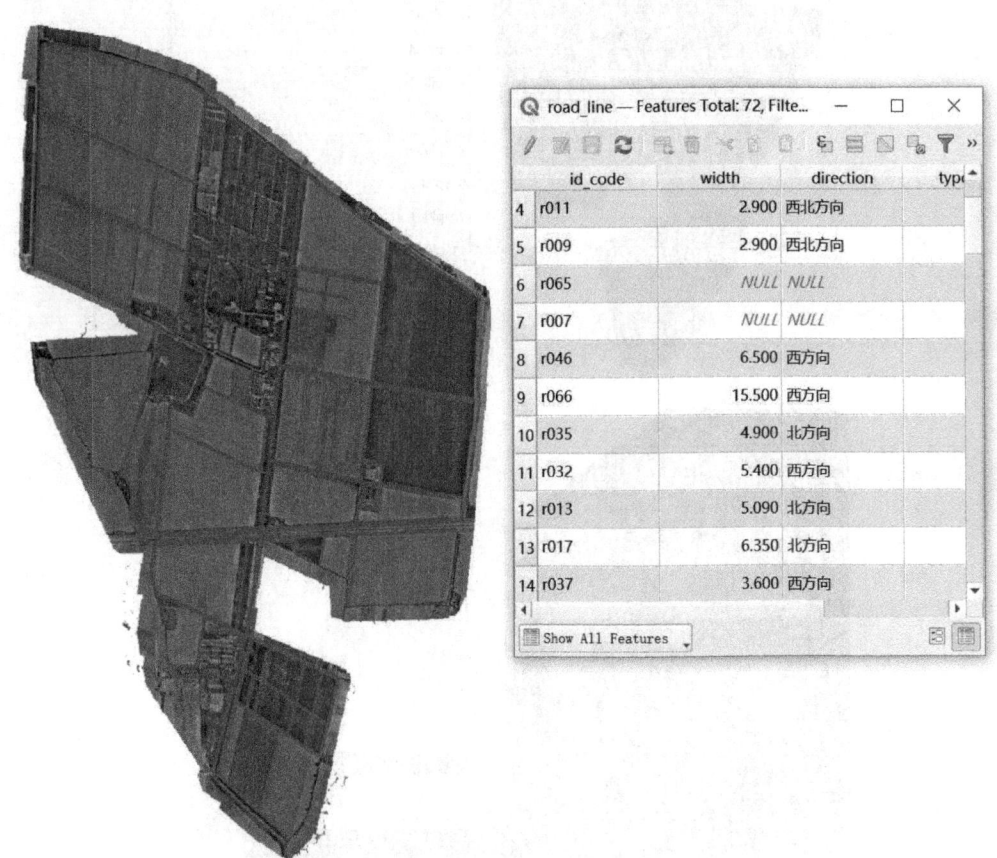

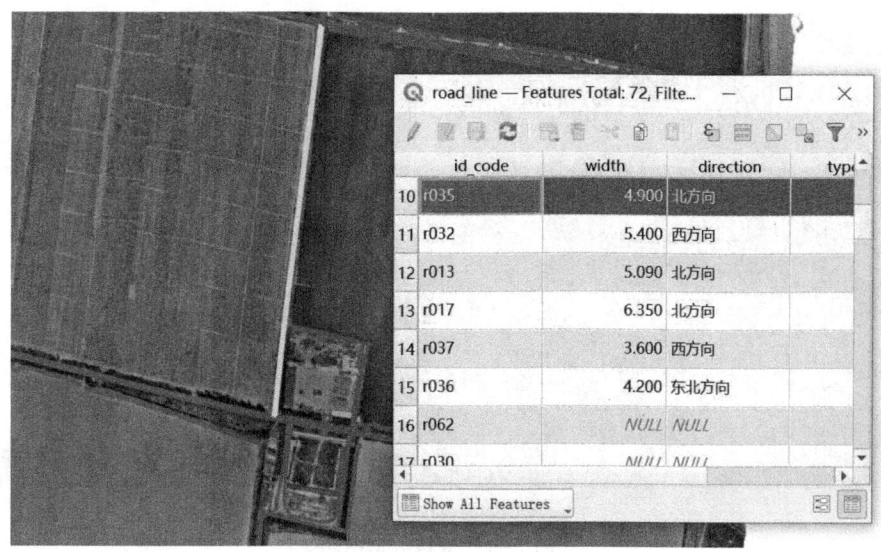

图 7-30 道路线数据图

⑤ 道路，使用"三调样式库"的"1004"样式，如图 7-31 所示。图 7-32 为道路数据图。

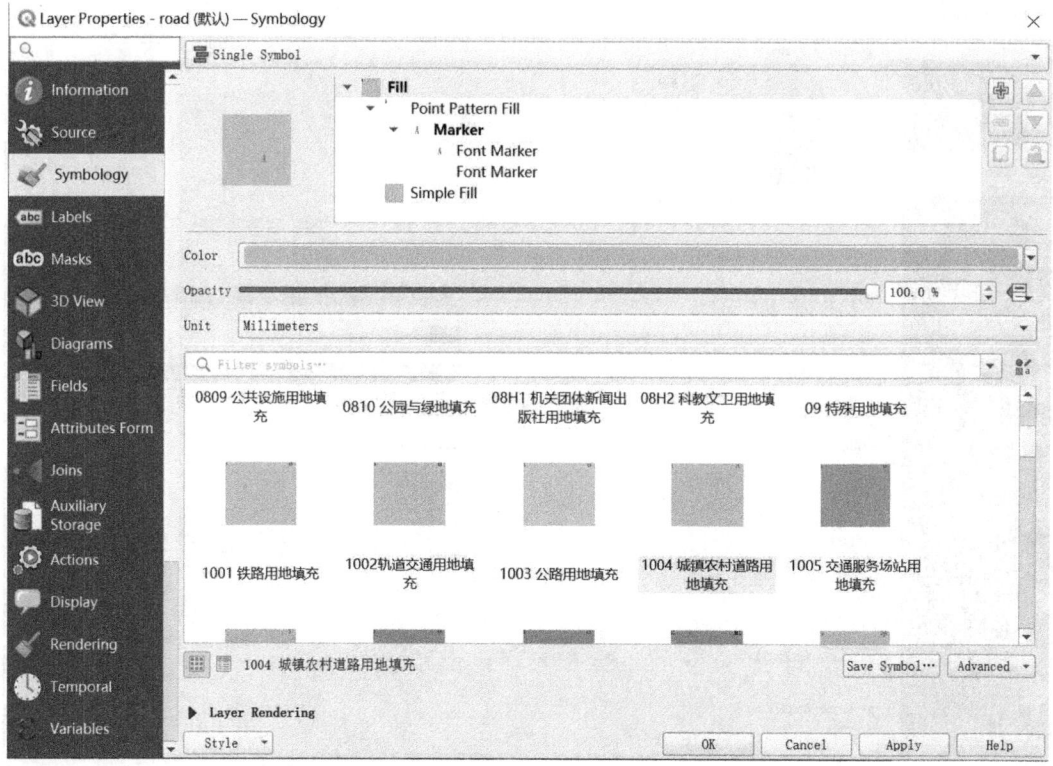

图 7-31 道路样式

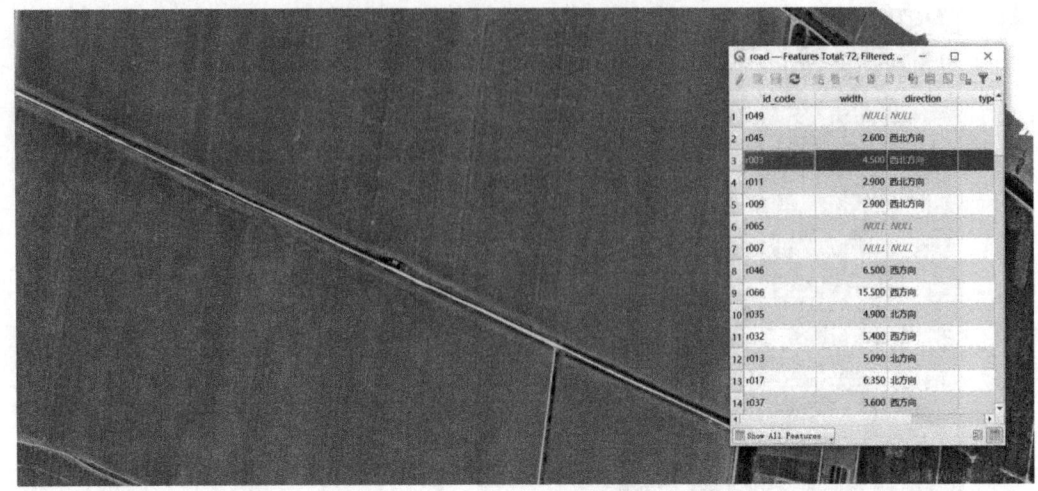

图 7-32 道路数据图

⑥ 水闸，使用简单填充，颜色为 #c92323，描边颜色同色，如图 7-33 所示。图 7-34 为水闸数据图。

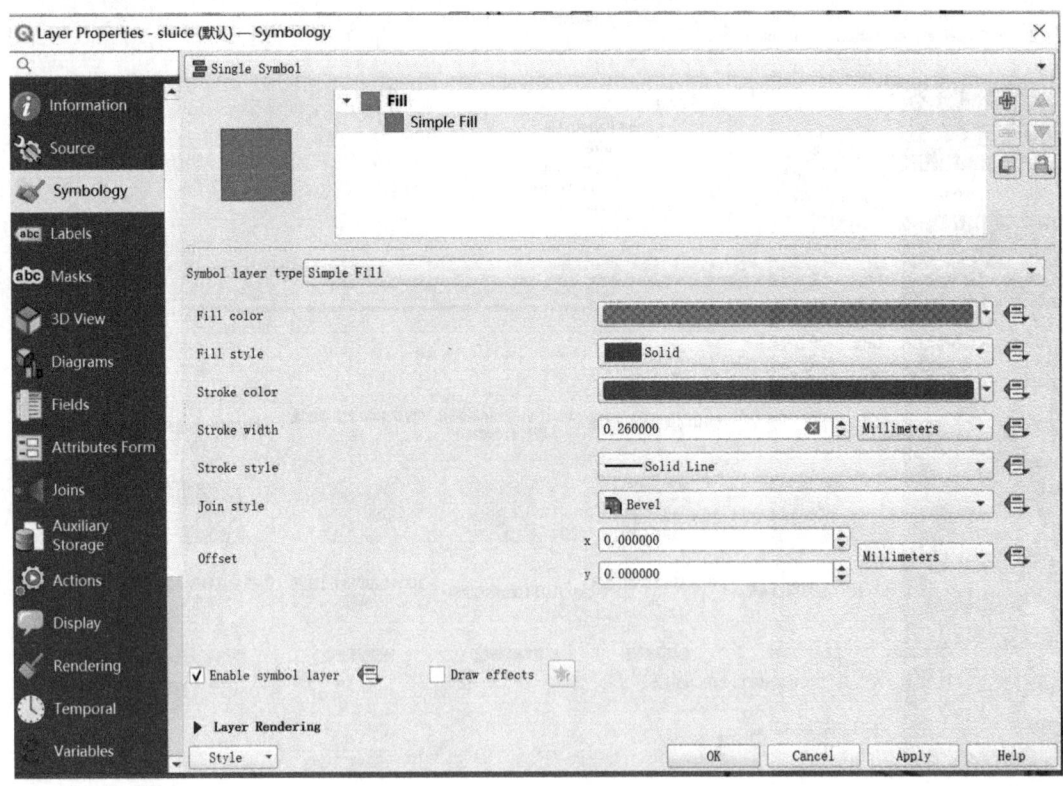

图 7-33 水闸样式

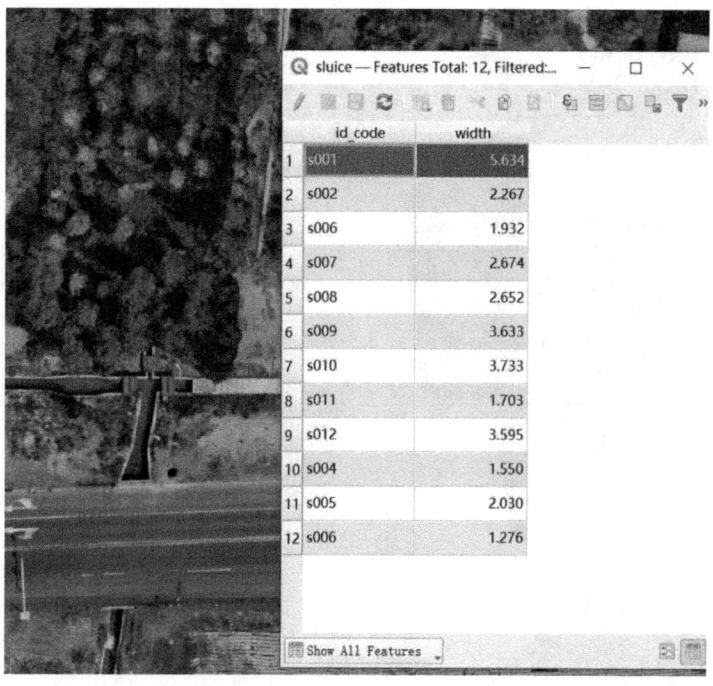

图 7-34　水闸数据图

⑦ 地块，使用"J1.3"样式，透明度为 50%，如图 7-35 所示。图 7-36 为地块数据图。

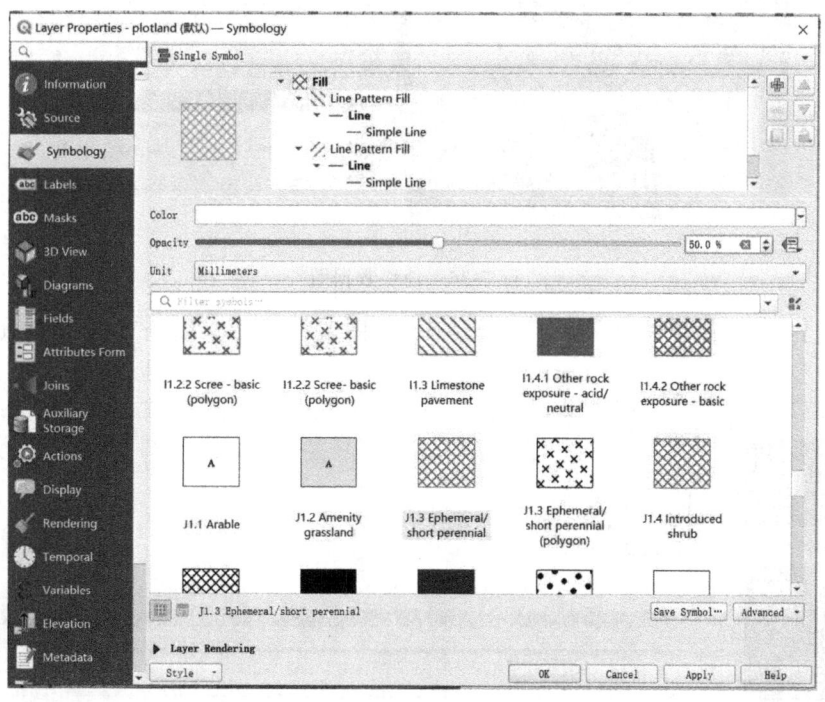

图 7-35　地块样式

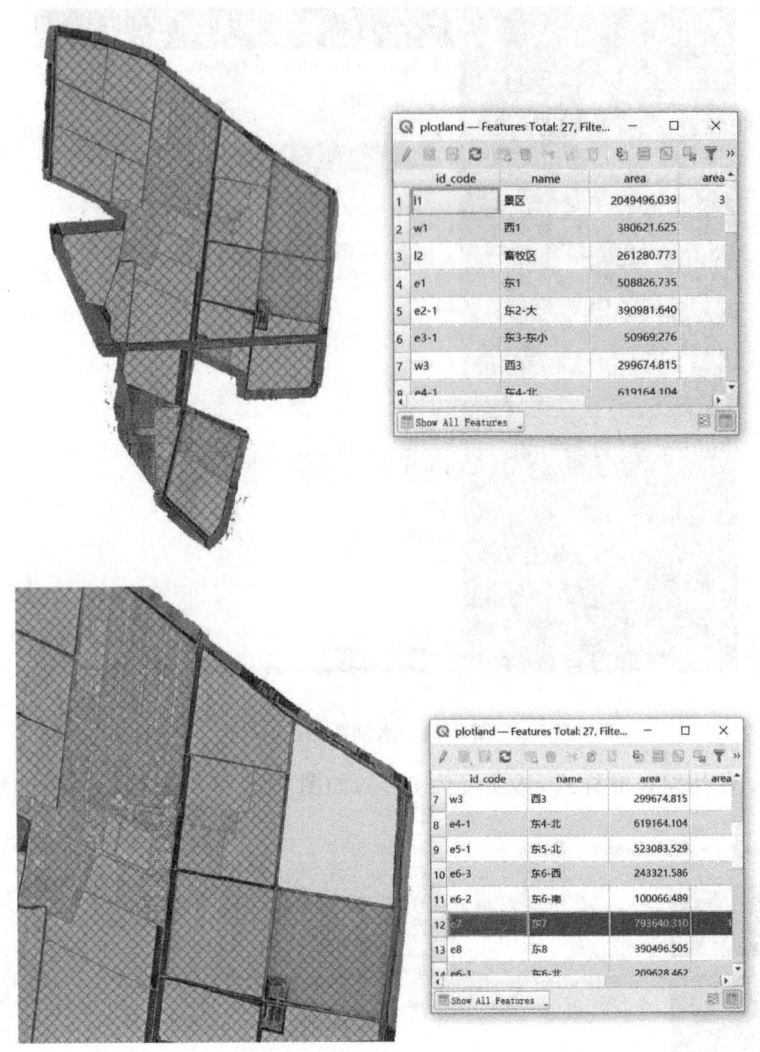

图 7-36 地块数据图

⑧ 边界,使用简单填充,颜色为♯e41a1c,如图 7-37 所示。图 7-38 为边界数据图。

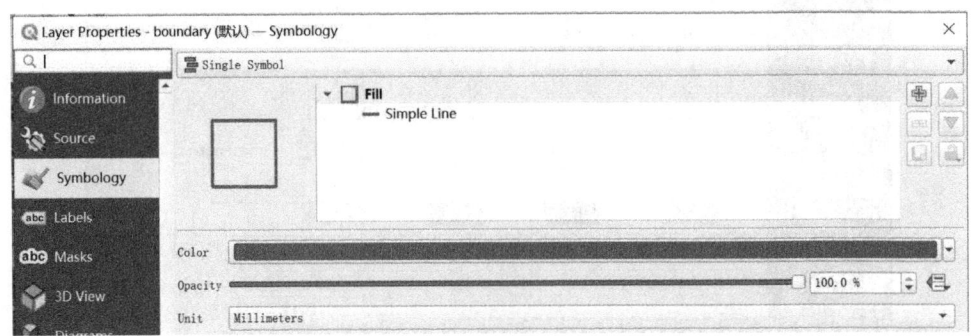

图 7-37 边界样式

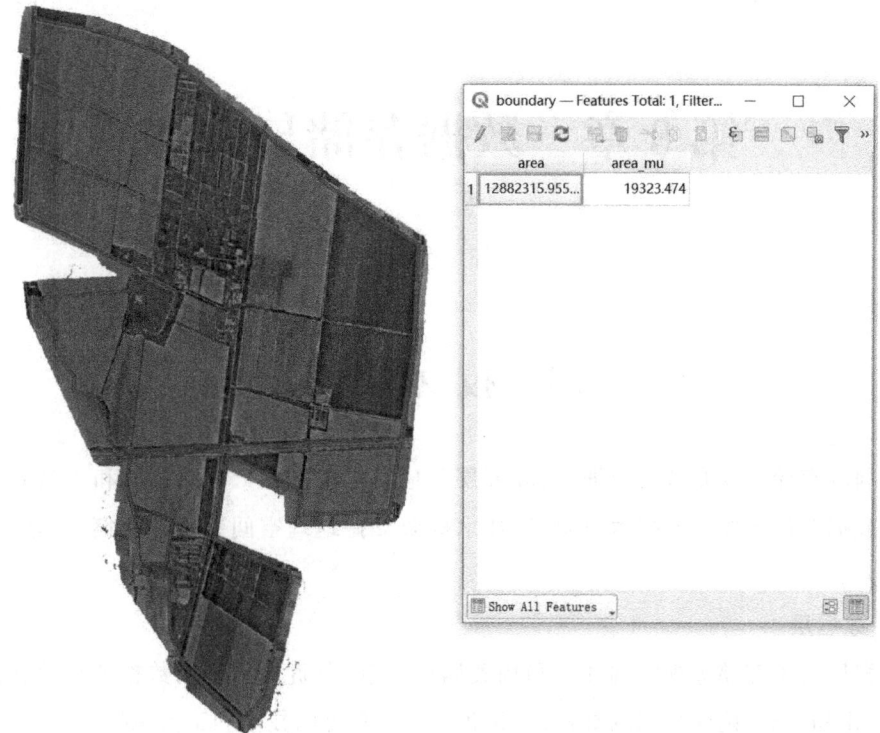

图 7-38 边界数据图

第 8 章　数据存储与发布

8.1　技术框架

数据的存储与发布涉及数据层、服务层和应用层。图 8-1 中的技术和工具共同组成了一个数据存储与发布的技术框架，该技术框架支持地理空间数据的存储、处理、发布和应用开发。

1. 数据层

数据层负责存储地理空间数据和相关属性信息，负责地理空间数据的存储、管理、处理、可视化和集成，确保数据的高效、可靠和准确。常见的技术和工具包括：

关系型数据库管理系统（RDBMS）：用于存储和管理地理空间数据，常用的关系型数据包括 PostgreSQL、MySQL、SQLite 等。

地理信息系统（GIS）：用于创建、编辑、可视化和分析地理数据，常用的 GIS 软件包括 ArcGIS、QGIS、SAGA GIS 等。

2. 服务层

通过标准的 Web 服务协议（如 WMS、WFS、WMTS）提供数据访问接口，不同的客户端应用可以方便地获取和使用地理空间数据。这种标准化的接口确保了数据的互操作性和共享性。使用的技术和工具包括：

迅速共享空间地理信息：用于发布地理空间数据，并支持 WMS、WFS 和 WMTS 等标准协议。

Web 服务器：用于部署和提供 Web 服务，常用的 Web 服务器包括 Apache、Nginx、IIS。

共享空间地理信息：MapService GeoService。

3. 应用层

支持 Web 端和移动端，便于满足用户不同应用需求。主要技术和工具包括：

Django：一个高层次的 Python Web 框架，用于快速开发安全和可维护的 Web 应用程序。

Android：一个基于 Linux 的操作系统，主要用于移动设备，如智能手机和平板电脑，支持开发和运行地理空间应用。

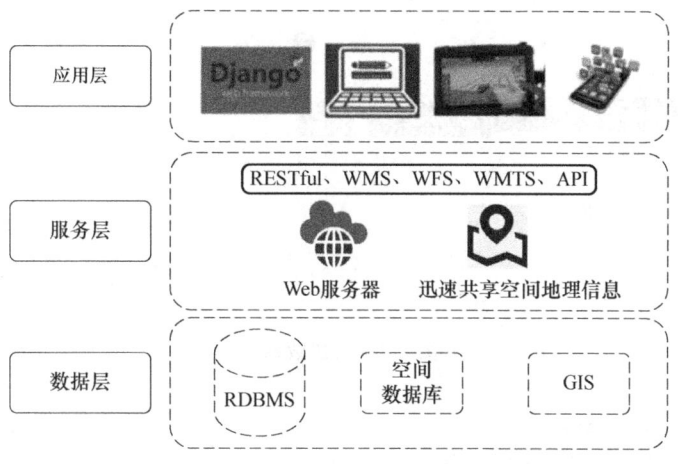

图 8-1　技术框架

8.2　数据库创建与存储

GIS 空间数据管理逐步从传统的纯文件转变为全关系型数据库，并具备空间数据存储和访问、并发编辑和维护、多维关联分析等功能，为农场空间大数据的管理和应用提供了支撑。PostGIS 作为免费的开源数据库，在空间方面支持免费开源的 PostgreSQL 对象-关系数据库管理系统，适用于空间数据的存储管理，同时 PostgreSQL 具有与 QGIS 软件进行数据交互的插件，用户能够方便地将 QGIS 编辑得到的地理数据导入数据库使用，本节主要以华兴农场项目示范区为研究案例，介绍空间数据库的创建、导入，以及数据表之间的关系。

8.2.1　数据库创建

使用 PostgreSQL 数据管理工具 pgAdmin4 创建本章所使用的空间数据库。打开 pgAdmin4，选择"Databases"→"Create"→"Database…"命令，新建数据库，操作如图 8-2 所示。

在新建数据库窗口中，填写数据库名称，"Owner"默认为"postgres"，单击"save"按钮，即可创建名为"postgis_32_sample"的数据库，具体如图 8-3 所示。

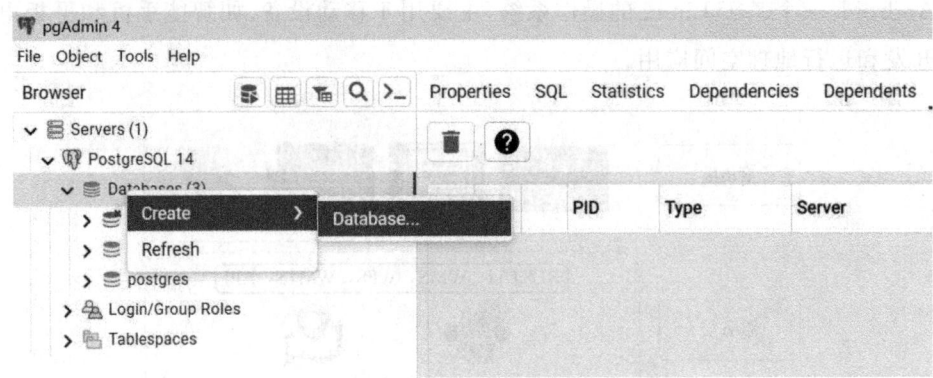

图 8-2　新建数据库

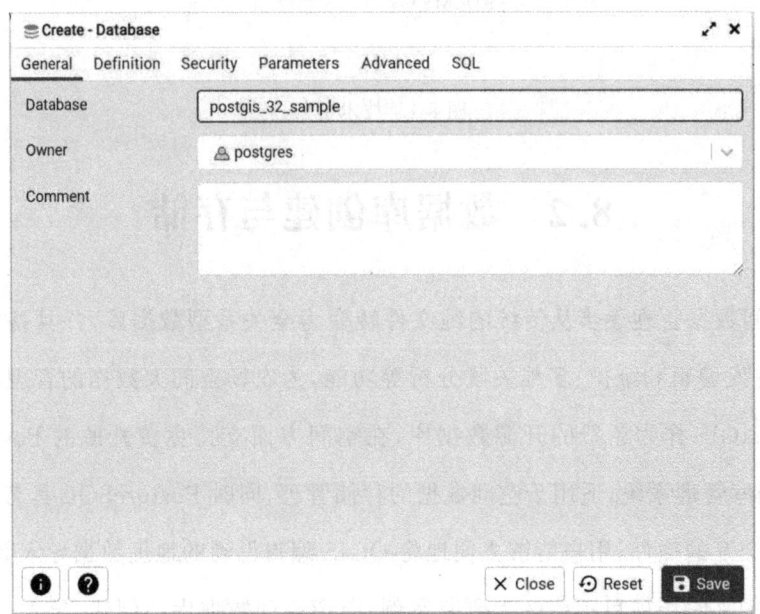

图 8-3　创建名为"postgis_32_sample"的数据库

8.2.2　数据导入

通过 QGIS 将 Shapefile 型空间数据源导入在 PostgreSQL 中创建的"postgis_32_sample"数据库,其中,使用的数据来源于华兴农场项目示范区,具体数据如表 8-1 所示。

表 8-1　农场示范区数据列表

序号	数据名	数据类别	数据文档名
1	出水桩	Shapefile	riser.shp
2	电线杆	Shapefile	pole.shp

续 表

序号	数据名	数据类别	数据文档名
3	供电线路	Shapefile	powerline.shp
4	出入口引导点	Shapefile	guidance_point.shp
5	出入口	Shapefile	entrance.shp
6	闸阀井	Shapefile	valve_chamber.shp
7	机井	Shapefile	well.shp
8	建筑物	Shapefile	building.shp
9	道路	Shapefile	road.shp
10	道路线	Shapefile	road_line.shp
11	水闸	Shapefile	sluice.shp
12	水渠	Shapefile	channel.shp
13	蓄水池	Shapefile	cisterne.shp
14	林带	Shapefile	forest_belt.shp
15	地块	Shapefile	plotland.shp
16	边界	Shapefile	boundary.shp

在 QGIS 中配置相关数据库参数,以与 PostgreSQL 连接,实现数据导入。启动 QGIS,在 Browser 窗口中右击"PostGIG",选择"New Connection…"命令,如图 8-4 所示。

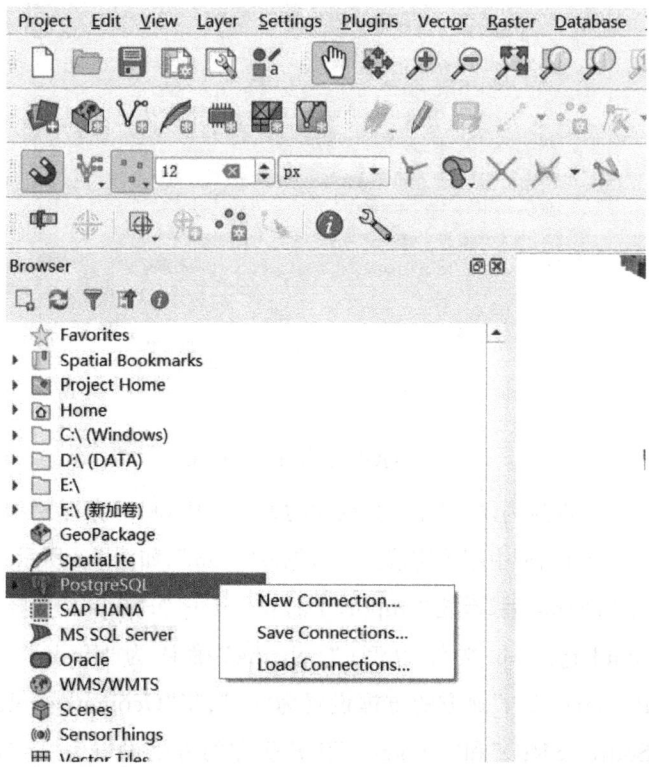

图 8-4 添加 PostGIS 连接

在 PostGIS 连接窗口中，设置相关参数。"Name"输入"ifram"，作为连接名；由于使用本地电脑，"Service"省略不写；"Host"输入"localhost"；"Post"输入"5432"，作为连接固定端口；"Database"输入构建的数据库"postgis_32_sample"。在"Authentication"窗格的"Basic"中，输入认证参数。最后单击"OK"按钮，具体如图 8-5 所示。

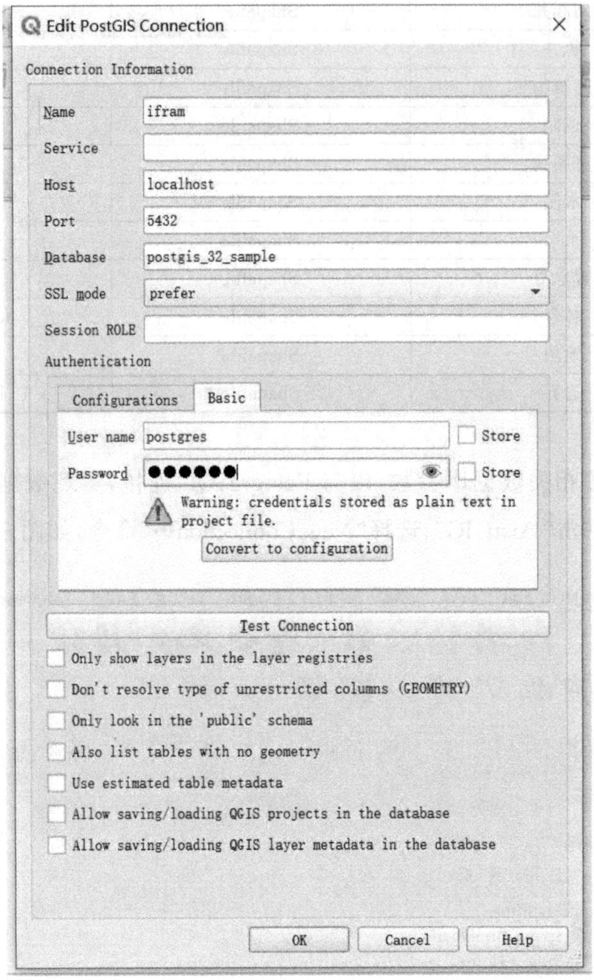

图 8-5　QGIS 连接 PostgreSQL

以 boundary.shp 文件为例，介绍导入数据库的方法。从 QGIS 菜单栏中打开"Database"→"DB Manager"，选择"PostGIS"中刚才连接上的数据库"ifram"，如图 8-6 所示。

选择完对应的 Schema 后，单击"Import Layer/File…"，"Input"选择对应的 Shapefile 文件，这里以 boundary.shp 文件为例；"Schema"确认为"ifram"；"Table"输入为"boundary"；将"Primary Key"前方的方框设置为"√"；将"Geometry column"前方的方框设置为"√"；将"Source SRID"和"Target SRID"前方的方框设置为"√"，输入 4538，具体如图 8-7 所示。

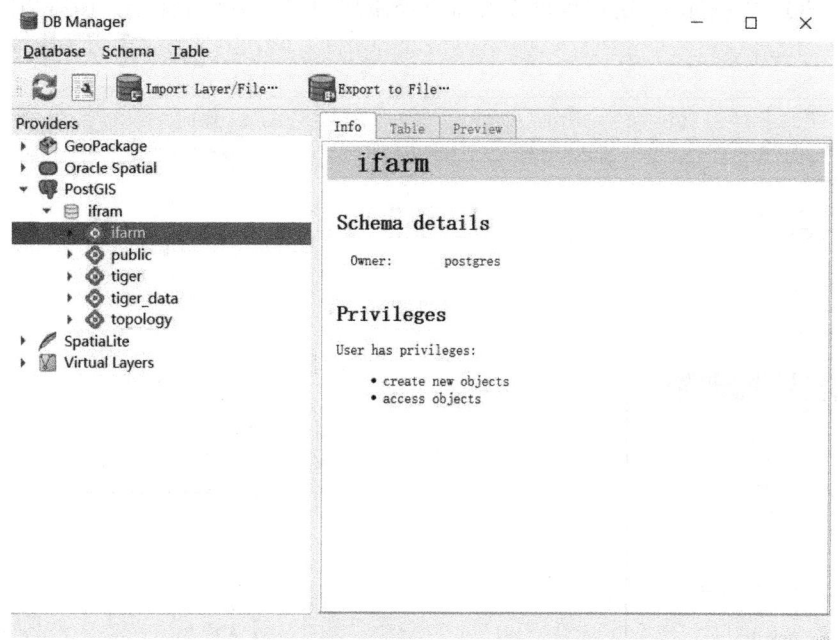

图 8-6　数据导入的 Schema 选择

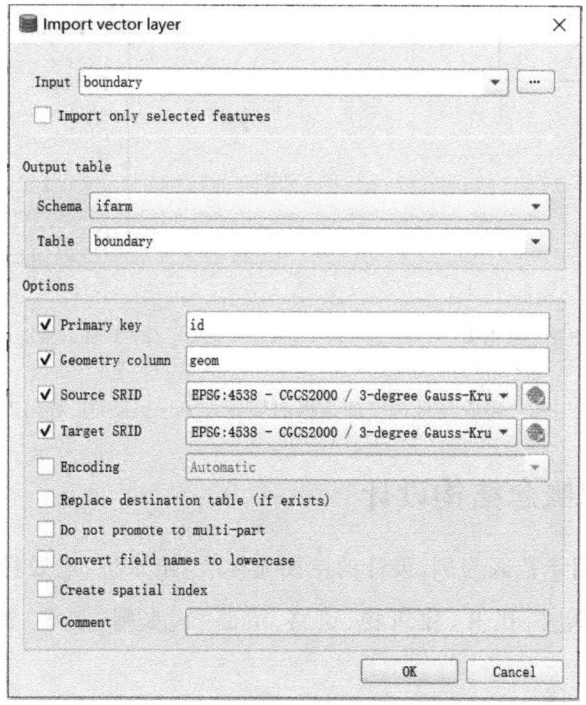

图 8-7　导入 Shapefile 文件

依次将 Shapefile 文件导入 PostgreSQL 数据库,导入数据库的结果如图 8-8(a)所示。

在 PostgreSQL 数据库中，用户也可以查看已经添加的图层数据表信息，具体如图 8-8(b)所示。

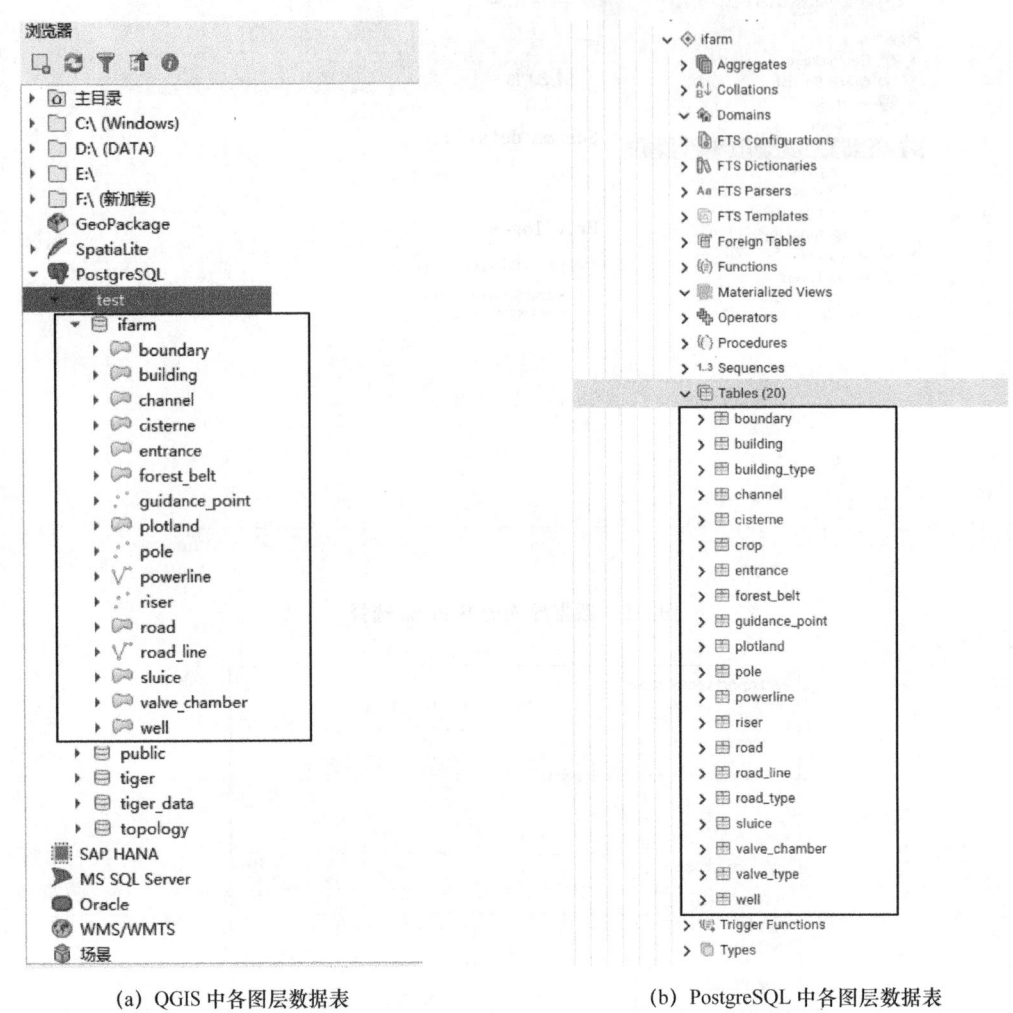

(a) QGIS 中各图层数据表　　　　　　　　(b) PostgreSQL 中各图层数据表

图 8-8　将农场地理空间数据图层导入 PostgreSQL 数据库

8.2.3　数据库概念结构设计

以华兴农场项目示范区为例，设计的主要实体有：出水桩、电线杆、供电线路、出入口引导点、出入口、闸阀井、机井、建筑物、道路、道路线、水闸、水渠、蓄水池、林带、地块、边界。

地块实体包括的属性有：ID、地块编码、地块多边形顶点坐标、地块名字、地块面积（m^2）、地块面积（亩）、地块归属、种植作物类型。地块实体根据其所种植的作物进行分类，作物包括棉花、小麦、玉米、水稻、辣椒、番茄、葡萄、西瓜等，地块实体通过属性中的种植作物类型进行区分。地块实体属性如图8-9所示。

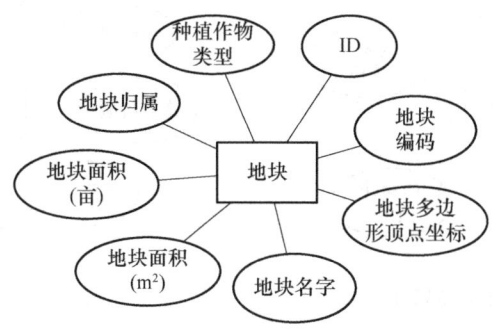

图 8-9　地块实体属性

地块和出水桩、电线杆、出入口引导点、出入口、闸阀井、道路、道路线属于一对多的关系，一个地块对应多个出水桩、电线杆、出入口引导点、出入口、闸阀井、道路、道路线，地块内的出水桩、电线杆、出入口引导点、出入口、闸阀井、道路、道路线对应一个地块。出水桩、电线杆、出入口引导点、出入口、闸阀井、道路、道路线实体属性分别如图8-10～图8-16所示。

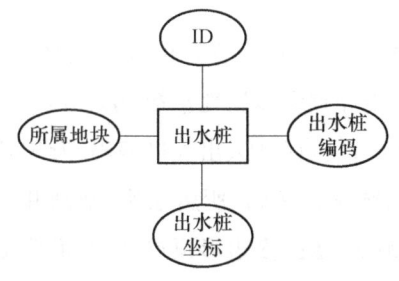

图 8-10　出水桩实体属性

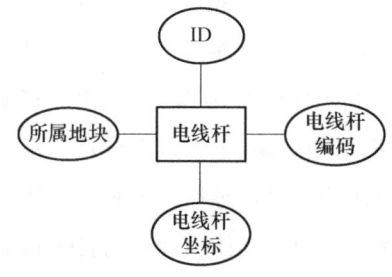

图 8-11　电线杆实体属性

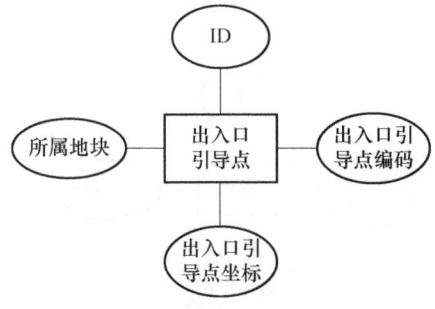

图 8-12　出入口引导点实体属性

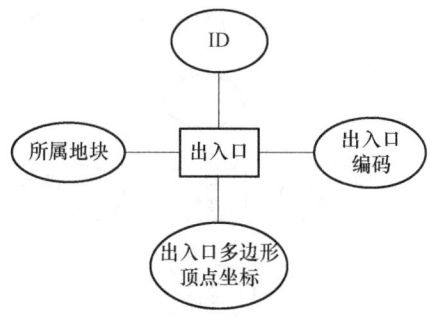

图 8-13　出入口实体属性

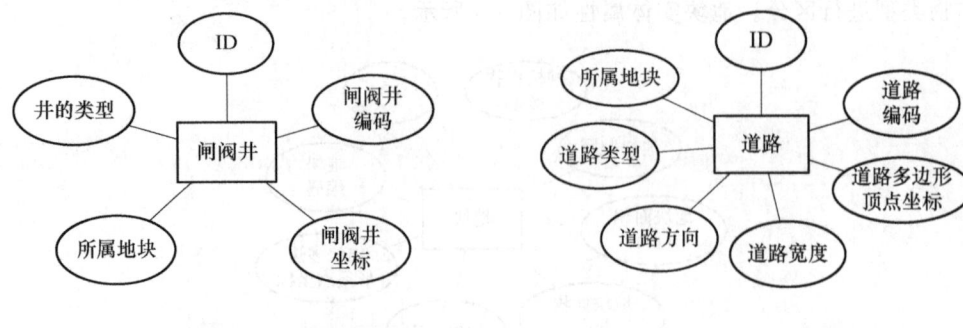

图 8-14 闸阀井实体属性　　　　图 8-15 道路实体属性

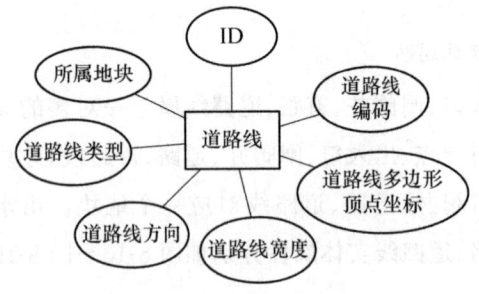

图 8-16 道路线实体属性

出水桩实体属性包括：ID、出水桩编码、所属地块、出水桩坐标。电线杆实体属性包括：ID、电线杆编码、所属地块、电线杆坐标。出入口引导点实体属性包括：ID、出入口引导点编码、所属地块、出入口引导点坐标。出入口实体属性包括：ID、出入口编码、所属地块、出入口多边形顶点坐标。闸阀井实体属性包括：ID、闸阀井编码、所属地块、闸阀井坐标、井的类型。道路实体属性包括：ID、道路编码、所属地块、道路多边形顶点坐标、道路宽度、道路方向、道路类型。道路线实体属性包括：ID、道路线编码、所属地块、道路线多边形顶点坐标、道路宽度、道路线方向、道路线类型。

在农场项目示范区内，设计的主要实体还有：供电线路、机井、建筑物、水闸、水渠、蓄水池、林带、边界。这些实体属性如图 8-17～图 8-24 所示。

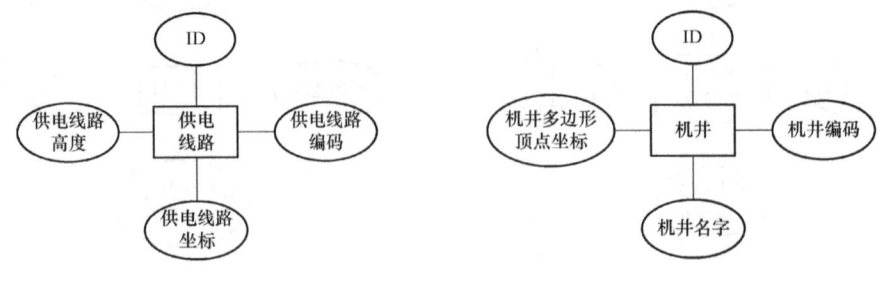

图 8-17 供电线路实体属性　　　　图 8-18 机井实体属性

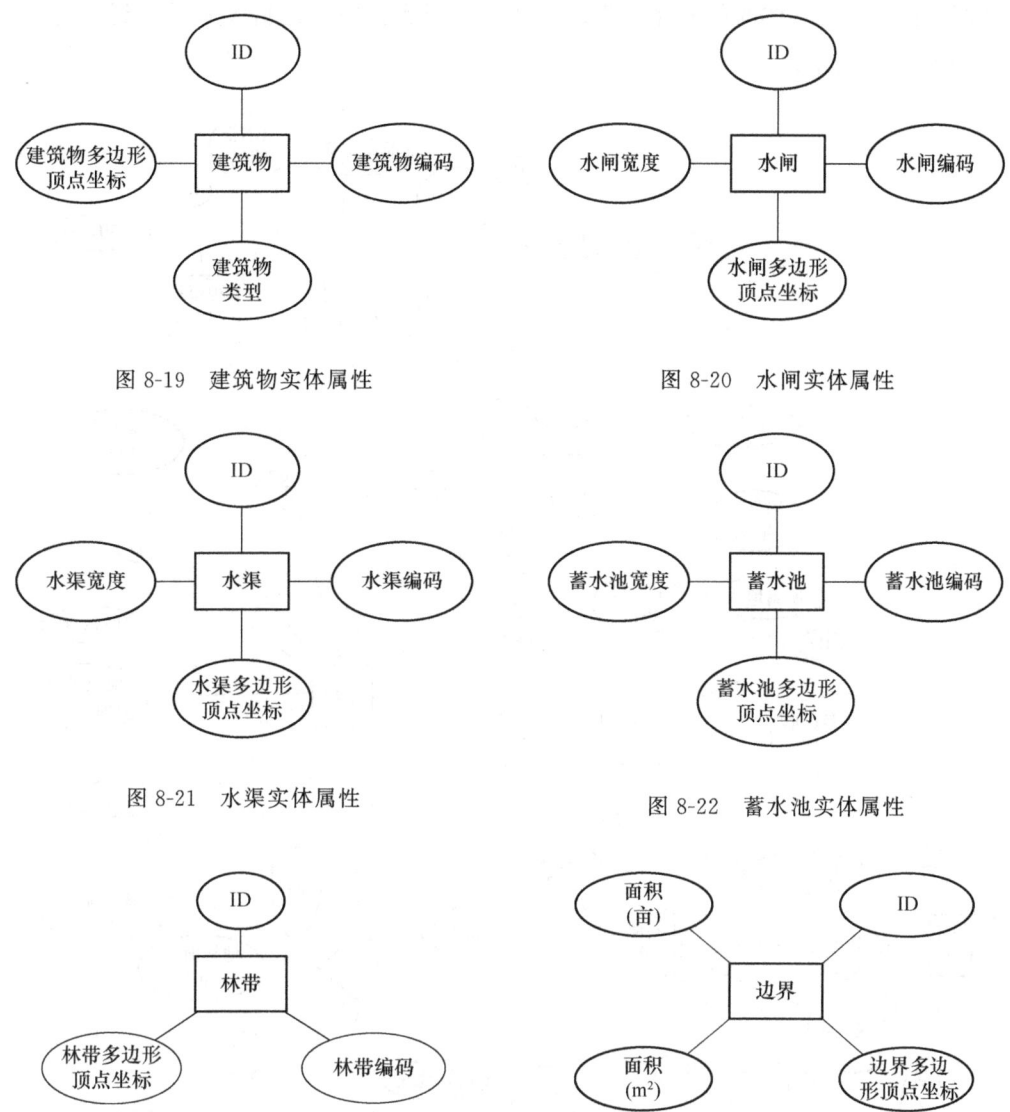

图 8-19 建筑物实体属性
图 8-20 水闸实体属性
图 8-21 水渠实体属性
图 8-22 蓄水池实体属性
图 8-23 林带实体属性
图 8-24 边界实体属性

供电线路实体属性包括：ID、供电线路编码、供电线路高度、供电线路坐标。机井实体属性包括：ID、机井编码、机井名字、机井多边形顶点坐标。建筑物实体属性包括：ID、建筑物编码、建筑物类型、建筑物多边形顶点坐标。水闸实体属性包括：ID、水闸编码、水闸宽度、水闸多边形顶点坐标。水渠实体属性包括：ID、水渠编码、水渠宽度、水渠多边形顶点坐标。蓄水池实体属性包括：ID、蓄水池编码、蓄水池宽度、蓄水池多边形顶点坐标。林带实体属性包括：ID、林带编码、林带多边形顶点坐标。边界实体属性包括：ID、边界多边形顶点坐标、面积(m^2)、面积(亩)。

在数据库概念结构设计阶段，使用多个属性描述实体，建立实体间的关系，通常使用

E-R 图来描述不同实体间的联系。将以上实体按照实体间的逻辑关系联系到一起，E-R 模型如图 8-25 所示。

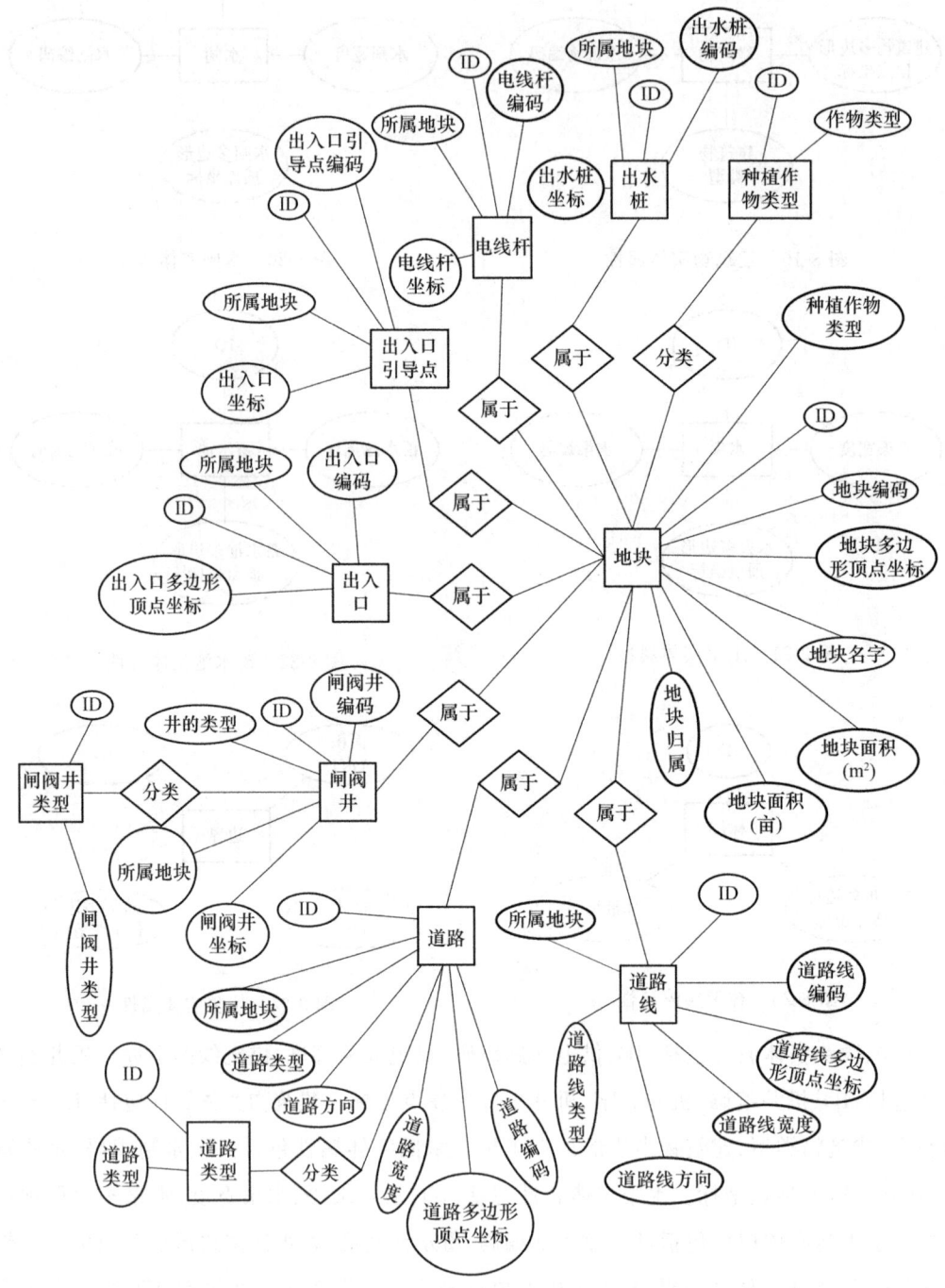

图 8-25 农场示范区 E-R 图

8.2.4 数据库表格设计

8.2.3 小节在数据库概念结构的基础上,分析了实体、属性以及实体间的对应关系。接下来,本小节对所需的数据库表格进行了设计。主要包括以下几张表:地块表、出水桩表、电线杆表、出入口引导点表、出入口表、闸阀井表、道路表、道路线表、供电线路表、机井表、建筑物表、水闸表、水渠表、蓄水池表、林带表、边界表。

(1)地块表:用于存储农场示范区地块的基本信息,提供了地块编码、地块面积、种植作物类型等。表 8-2 显示了其内容结构。

表 8-2 地块表

字段名	字段类型	是否为空	约束	说明
id	integer	否	主键	编码
polygon	geometry	否		地块多边形的顶点坐标
id_code	character varying(100)	否		地块编码
name	character varying(50)	是		地块的中文命名
area	numeric	否		地块面积(m^2)
area_mu	numeric	否		地块面积(亩)
ower_id	integer	否		地块归属
crop	integer	否	外键	种植作物类型

(2)出水桩表:用于存储地块中出水桩的基本信息,提供了出水桩编码、出水桩坐标、所属地块编码。表 8-3 显示了其内容结构。

表 8-3 出水桩表

字段名	字段类型	是否为空	约束	说明
id	integer	否	主键	编码
id_code	character varying(100)	否		出水桩编码
point	geometry	否		出水桩坐标
plo_id	integer	否	外键	所属地块编码

(3)电线杆表:用于存储示范区电线杆的基本信息,提供了电线杆编码、电线杆坐标、所属地块编码。表 8-4 显示了其内容结构。

表 8-4 电线杆表

字段名	字段类型	是否为空	约束	说明
id	integer	否	主键	编码

续 表

字段名	字段类型	是否为空	约束	说明
id_code	character varying(100)	否		电线杆编码
point	geometry	否		电线杆坐标
plo_id	integer	否	外键	所属地块编码

(4)出入口引导点表:用于存储示范区地块出入口引导点的基本信息,提供了出入口引导点编码、出入口引导点坐标、所属地块编码。表 8-5 显示了其内容结构。

表 8-5　出入口引导点表

字段名	字段类型	是否为空	约束	说明
id	integer	否	主键	编码
id_code	character varying(100)	否		出入口引导点编码
point	geometry	否		出入口引导点坐标
plo_id	integer	否	外键	所属地块编码

(5)出入口表:用于存储示范区地块出入口的基本信息,提供了出入口编码、出入口多边形的顶点坐标、所属地块编码。表 8-6 显示了其内容结构。

表 8-6　出入口表

字段名	字段类型	是否为空	约束	说明
id	integer	否	主键	编码
id_code	character varying(100)	否		出入口编码
point	geometry	否		出入口多边形的顶点坐标
plo_id	integer	否	外键	所属地块编码

(6)闸阀井表:用于存储示范区闸阀井的基本信息,提供了闸阀井编码、闸阀井多边形的顶点坐标、所属地块编码、井类型编码。表 8-7 显示了其内容结构。

表 8-7　闸阀井表

字段名	字段类型	是否为空	约束	说明
id	integer	否	主键	编码
id_code	character varying(100)	否		闸阀井编码
polygon	geometry	否		闸阀井多边形的顶点坐标
plo_id	integer	否	外键	所属地块编码
type_id	integer	否	外键	井类型编码

(7) 道路表：用于存储示范区道路的基本信息，提供了道路编码、道路多边形的顶点坐标、所属地块编码、道路类型等。表 8-8 显示了其内容结构。

表 8-8 道路表

字段名	字段类型	是否为空	约束	说明
id	integer	否	主键	编码
id_code	character varying(100)	否		道路编码
polygon	geometry	否		道路多边形的顶点坐标
width	numeric	是		道路的宽度
direction	character varying(50)	是		道路的方向
type_id	integer	否	外键	道路类型
plo_id	integer	否	外键	所属地块编码

(8) 道路线表：用于存储示范区道路线的基本信息，提供了道路线编码、道路线多边形的顶点坐标、所属地块编码、道路线类型等。表 8-9 显示了其内容结构。

表 8-9 道路线表

字段名	字段类型	是否为空	约束	说明
id	integer	否	主键	编码
id_code	character varying(100)	否		道路线编码
polygon	geometry	否		道路线多边形的顶点坐标
width	numeric	是		道路线的宽度
direction	character varying(50)	是		道路线的方向
type_id	integer	否	外键	道路线类型
plo_id	integer	否	外键	所属地块编码

(9) 供电线路表：用于存储示范区供电线路的基本信息，提供了供电线路编码、供电线路坐标、供电线路高度等。表 8-10 显示了其内容结构。

表 8-10 供电线路表

字段名	字段类型	是否为空	约束	说明
id	integer	否	主键	编码
id_code	character varying(100)	否		供电线路编码
line	geometry	否		供电线路坐标
tall	numeric	否		供电线路高度

(10) 机井表：用于存储示范区机井的基本信息，提供了机井编码、机井原有名称、机

井多边形的顶点坐标。表 8-11 显示了其内容结构。

表 8-11　机井表

字段名	字段类型	是否为空	约束	说明
id	integer	否	主键	编码
id_code	character varying(100)	否		机井编码
name	character varying(50)	否		机井原有名称
polygon	geometry	否		机井多边形的顶点坐标

（11）建筑物表：用于存储示范区建筑物的基本信息，提供了建筑物编码、建筑物类型编码、建筑物多边形的顶点坐标。表 8-12 显示了其内容结构。

表 8-12　建筑物表

字段名	字段类型	是否为空	约束	说明
id	integer	否	主键	编码
id_code	character varying(100)	否		建筑物编码
polygon	geometry	否		建筑物多边形的顶点坐标
type_id	integer	否	外键	建筑物类型编码

（12）水闸表：用于存储示范区水闸的基本信息，提供了水闸编码、水闸宽度、水闸多边形的顶点坐标。表 8-13 显示了其内容结构。

表 8-13　水闸表

字段名	字段类型	是否为空	约束	说明
id	integer	否	主键	编码
id_code	character varying(100)	否		水闸编码
polygon	geometry	否		水闸多边形的顶点坐标
width	numeric	否		水闸宽度

（13）水渠表：用于存储示范区水渠的基本信息，提供了水渠编码、水渠宽度、水渠多边形的顶点坐标。表 8-14 显示了其内容结构。

表 8-14　水渠表

字段名	字段类型	是否为空	约束	说明
id	integer	否	主键	编码
id_code	character varying(100)	否		水渠编码
polygon	geometry	否		水渠多边形的顶点坐标
width	numeric	否		水渠宽度

（14）蓄水池表：用于存储示范区蓄水池的基本信息，提供了蓄水池编码、蓄水池宽度、蓄水池多边形的顶点坐标。表 8-15 显示了其内容结构。

表 8-15 蓄水池表

字段名	字段类型	是否为空	约束	说明
id	integer	否	主键	编码
id_code	character varying(100)	否		蓄水池编码
polygon	geometry	否		蓄水池多边形的顶点坐标
width	numeric	否		蓄水池宽度

（15）林带表：用于存储示范区林带的基本信息，提供了林带编码、林带多边形的顶点坐标。表 8-16 显示了其内容结构。

表 8-16 林带表

字段名	字段类型	是否为空	约束	说明
id	integer	否	主键	编码
id_code	character varying(100)	否		林带编码
polygon	geometry	否		林带多边形的顶点坐标

（16）边界表：用于存储示范区边界的基本信息，提供了边界多边形的顶点坐标、示范区面积（m^2）、示范区面积（亩）。表 8-17 显示了其内容结构。

表 8-17 边界表

字段名	字段类型	是否为空	约束	说明
id	integer	否	主键	编码
polygon	geometry	否		边界多边形的顶点坐标
area	numeric	否		示范区面积（m^2）
area_mu	numeric	否		示范区面积（亩）

8.3 图层接口设计

广泛应用于开源 WebGIS 的工具有 MapServer、GeoServer。

MapServer 是一个功能强大的跨平台的网络地图服务软件包，可以应用于 UNIX/Linux、Windows、MacOSX、Solaris 等平台，支持的语言包括 Python、PHP、Perl、Java、C#等。MapServer 使用开放源代码软件完成数据格式转换、地图投影转换、空间数据库的大数据量生产等,而本身专注于地理空间信息绘制、地理空间信息图形格式、接口环境、兼容 OGC 互操作规范等方面。MapServer 具有强大的空间数据的网络发布功能,支持多种数据格式,使得在 WebGIS 中整合空间数据和非空间数据变得更加容易。MapServer 是基于服务器/客户端模式开发的 WebGIS 平台。主要是因为生产空间数据的任务主要在服务器端完成,在通过客户端发送请求的时候,服务器依据客户端请求,执行相应的操作并返回数据,客户端将数据处理显示返回用户。它的核心模块主要是通过 C 语言编写的,提供了两种开发模式,一种是基于 CGI 的开发模式,另一种是 MapScript 开发模式。在服务器端可以使用任一模块编写 WebGIS 程序。它遵守 OGC 制定的 WMS、WFS、WCS 和 GML 等一系列规范,支持分布式访问和互操作。MapServer 作为 WebGIS 解决方案是基于对象的,基本配置文件 MapFile 和 MapScript 模块的 API 组织都是基于对象的。

GeoServer 是一个遵守 OGC 开放标准的开源地图服务器,它支持 J2EE 规范,且实现了 WCS、WMS(网络地图服务)及 WFS(网络要素服务)规格,支持 TransactionWFS(WFS-T)。对于空间信息存储,它支持 ESRI Shapefile 及 PostGIS、Oracle、ArcSDE 等空间数据库,输出的 GML 档案满足 GML2.1 的要求。由于它是纯 Java 的,因此,它更适合于复杂的环境要求,而且由于它的开源,故开发组织可以基于 GeoServer 灵活实现特定的目标要求,而这些都是商业 GIS 组件所缺乏的。GeoServer 作为一个纯粹的 Java 实现,被部署在应用服务器中,简单的如 Tomcat 等。它的 WMS 和 WFS 组件响应来自浏览器或 uDig 的请求,访问配置的空间数据库,如 PostGIS、OracleSpatial 等,产生地理空间信息和 GML 文档传输至客户端。GeoServer 具有以下优点:采用 java 语言编写、标准的 J2EE 框架、基于 servlet 和 Struts 框架、支持高效的 Spring 框架开发;兼容 WMS 和 WFS 特性、支持 WFS-T 规范;高效的数据库支持 PostGIS、Shapefile、ArcSDE、Oracle、MySQL 等;支持上百种投影;能够将网络地图输出为 jpeg、gif、png、SVG、GML、KML 等格式;能够运行在任何基于 J2EE/servlet 框架之上;嵌入 MapBuilder 支持 AJAX 的地图客户端;实现了在线编辑空间数据、生成专题地图;地图发布采用 XML 文件;支持 Goodle Maps;可发布 KML 数据,可与 GoogleEarth 影像叠加。

MapServer 与 GeoServer 都是得到广泛应用的开源 WebGIS 工具,这两个都是通过网络来发布地图的,因此,它们常常会被拿来进行比较。MapServer 同时符合 OGC 的 WMS 和非事务性 WFS;GeoServer 是用 Java 编写的,基于 Servlet 并使用 Struts 框架。GeoServer 实现了在线编辑空间数据,生成专题地图,地图发布采用 XML 文件;MapServer 擅长专题地图的生成,地图发布采用文本配置文件;MapServer 在功能方面弱于 GeoServer,它不是一个功能齐全的 GIS,没有提供集成的 DBMS(数据库管理系统)工具,分析能力有限,而且没有地理配准工具。

如果只是发布地理空间信息数据,而不允许修改的话可以使用 MapServer,

MapServer 对 WMS 的支持更为高效，维护起来更简单、容易。选择 GeoServer 是因为其功能更加完善，GeoServer 更擅长结合 WFS 规范的属性查询，如在线编辑和数据库的支持（如 PostgreQL 或 Oracle 空间数据库）；GeoServer 的另一个优势就是有一个免费的客户端软件 UDIG。除了功能上的比较，在开发中进行技术选择时尤其要注意，MapServer 专注于地图服务功能，可以作为项目的组件（甚至是核心组件），但是其他的功能大部分需要由开发人员实现；而 GeoSever 则是已经比较完善的套件，部署安装后基本上就可以作为产品来使用了。

地理信息空间发布服务器主要提供 4 种服务：WMS(Web map service)、WFS(Web feature service)、WMTS(Web map tile service)和 WCS(Web coverage service)。4 种不同的服务有各自的优势，具体如下。

(1) WMS

WMS 服务主要用于地理空间数据渲染和实时出图，将地理空间数据渲染成地图图片，并返回给用户。WMS 服务返回的是地图影像，即图片格式的地图数据。

WMS 的优势如下。

① 实时渲染：WMS 能够实时渲染数据，支持动态更新和动态渲染，确保用户获取到最新的地理空间信息。

② 多样化渲染：WMS 可以结合多种样式实现多样化渲染，满足不同用户的视觉需求。

③ 易于集成：WMS 服务生成的地图图片可以直接嵌入 Web 页面中，方便与其他 Web 应用集成。

(2) WFS

WFS 服务支持对地理要素的插入、更新、删除、检索和发现服务，是一种基于地理要素的服务。WFS 服务返回的是 GML(geography markup language)数据，即地理标识语言描述的地理要素信息。

WFS 的优势如下。

① 数据操作：WFS 允许用户对地理要素进行增删改查操作，实现数据的动态更新和管理。

② 高级查询：WFS 支持基于空间几何关系的查询、基于属性域的查询以及基于空间关系和属性域的共同查询，满足复杂的数据查询需求。

③ 数据共享：WFS 服务使得地理数据可以更容易地在用户之间共享和交换。

(3) WMTS

WMTS 服务提供预定义图块的数字地理空间信息服务，主要用于地理空间数据的缓存切片。WMTS 服务返回的是地图瓦片(tile)，即预渲染好的地图图片块。

WMTS 的优势如下。

① 性能优化：WMTS 通过提供预渲染的地理空间瓦片，减少了服务器的渲染负担，提高了地理空间信息加载和显示的性能。

② 伸缩性强：WMTS 支持不同级别的缩放和分辨率，使得地理空间数据在不同设备和网络环境下都能保持良好的显示效果。

③ 适合静态数据：WMTS 特别适用于加载无须更新要素的地理空间数据，如区域性比较大的底图数据。

（4）WCS

WCS 服务主要用于发布覆盖数据，如卫星影像、气象数据等连续覆盖的空间数据。WCS 服务返回的是覆盖数据，这些数据通常以栅格格式表示，如 JPEG2000、GeoTIFF 等。

WCS 的优势如下。

① 连续覆盖数据支持：WCS 特别适用于处理和分析连续覆盖的空间数据，如气象、海洋、环境等领域的监测数据。

② 数据质量：WCS 提供的覆盖数据通常具有较高的数据质量和空间分辨率，满足专业分析和研究的需求。

③ 标准化服务：WCS 遵循 OGC 标准，实现了覆盖数据的标准化访问和处理，促进了数据的共享和交换。

4 种地理空间信息接口发布的服务方式各有其特点和优势，具体使用时用户可以根据实际需求选择适合的服务进行地理空间数据的发布和共享。

根据上文介绍的开源 WebGIS 工具的优缺点和 4 种地图发布方式的特点，结合实际情况，以项目华兴农场示范区为例，项目选用 GeoServer 作为高精度地理空间图层预览的软件。使用到的图层接口服务包括 WMS 和 WFS 服务（基础底图只提供 WMS 服务）。项目包含地图矢量图层 16 个及底图 1 个，根据不同图层设置了不同的样式，采用的坐标系标准为 EPSG4538，具体图层命名规范如表 8-18 所示。

表 8-18 图层命名规范

序号	标题	存储仓库	图层名称	样式名称
1	riser	出水桩	hx_cj:riser	riser
2	pole	电线杆	hx_cj:pole	pole
3	powerline	供电线路	hx_cj:powerline	powerline
4	guidance_point	引导点	hx_cj:guidance_point	guidance_point

续表

序号	标题	存储仓库	图层名称	样式名称
5	entrance	出入口	hx_cj:entrance	entrance
6	valve_chamber	闸阀井	hx_cj:valve_chamber	valve_chamber
7	well	机井	hx_cj:well	well
8	building	建筑物	hx_cj:building	building
9	road	道路	hx_cj:road	road
10	road_line	道路线	hx_cj:road_line	road_line
11	sluice	水闸	hx_cj:sluice	sluice
12	channel	水渠	hx_cj:channel	channel
13	cisterne	蓄水池	hx_cj:cisterne	cisterne
14	forest_belt	林带	hx_cj:forst_belt	forest_belt
15	plotland	地块	hx_cj:plotland	plotland
16	boundary	边界	hx_cj:boundary	boundary
17	basemap	基础地图	hx_cj:basemap	无

8.3.1 WMS 服务名称规范

WMS 服务名称规范定义了 HTTP 接口，用于从服务器请求地理参考地理空间数据图像。以项目华兴农场示范区为例，WMS 服务命名规范如表 8-19 所示。

表 8-19 WMS 命名规范

名称	含义	示例
url	链接	IP:端口/geoserver/wms
service	服务	WMS
version	版本	1.1.0
request	操作名称	GetMap
layer	要在地图上显示的图层	hx_cj:building （华兴_昌吉:建筑物）
srs	地图输出的空间参考系统	EPSG:4538
bbox	地图边界的边界框	521530.82388648856,4895577.027923346, 524853.2832558865,4900465.811419783
width	宽度（像素）	800
height	高度（像素）	700
format	映射输出的格式	application/openlayers
cql_filter	过滤器	cql_filter:RV_CD="FFD4EA00000L
bgcolor	地图图像的背景色	值的形式为 RGB，默认为 FFFFFF(白色)

续表

名称	含义	示例
transparent	地图背景是否应透明	值为 true 或 false，默认为 false
time	地图数据的时间值或范围	yyyy--mm-ddhhmm:ss.sssz(年-月-天时分:秒.毫秒)

8.3.2 WMS服务地址

以项目中的出水桩图层(riser)为例，介绍其WMS服务地址，对URL进行解析：

0 http://******:*****/geoserver/hx_cj_24/wms?

1 service = WMS

2 version = 1.1.0

3 request = GetMap

4 layers = hx_cj_24%3Ariser

5 bbox = 87.26792556892117%2C44.18992892704937%2C87.31345364196953
 %2C44.246363882595176

6 width = 619

7 height = 768

8 srs = EPSG%3A4326

9 format = application/openlayers

具体的参数说明如表8-20所示。

表8-20 参数说明

编号	通用名	说明
0	url链接	IP:端口/geoserver/wms
1	服务类型告诉服务器要发送WMS请求	WMS
2	指定要使用的WMS版本	1.1.0
3	请求地图	GetMap
4	请求的图层名称	hx_cj:ariser(华兴_昌吉:出水桩)
5	地图范围或边界框	87.26792556892117,44.18992892704937, 87.31345364196953,44.246363882595176
6	宽度(像素)	619
7	高度(像素)	768
8	投影或空间参考系统	EPSG:3A4326
9	映射输出的格式	application/openlayers

出水桩图层的预览如图8-26所示。

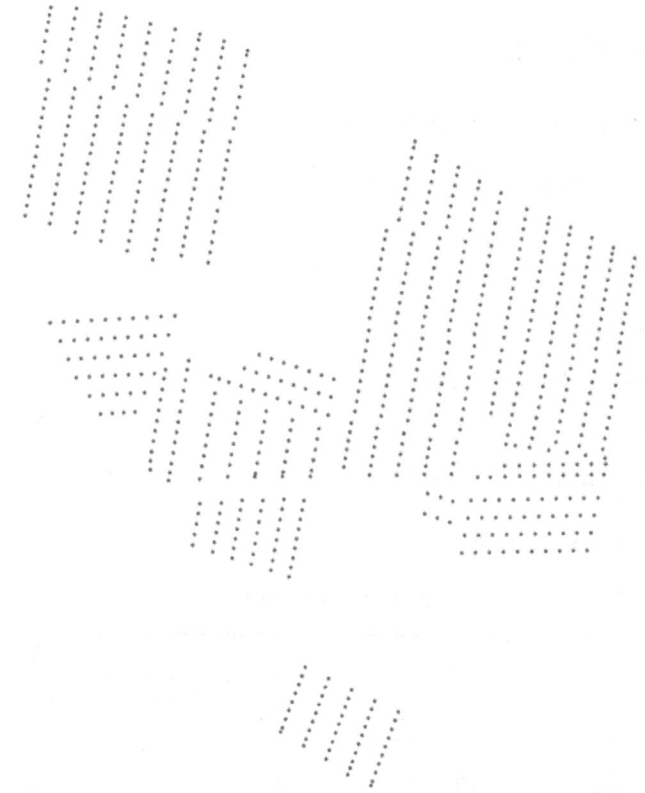

图 8-26　出水桩图层

8.3.3　WFS 服务名称规范

WFS 接口标准定义了一组接口,用于在 Internet 上访问要素和要素属性级别的地理信息。地理要素的属性或特征称为要素特性。WFS 提供了检索或查询地理要素的方法,这种方法独立于它们发布的底层数据存储。以项目华兴农场示范区为例,WFS 服务名称使用规范如表 8-21 所示。

表 8-21　WFS 服务名称使用规范

名称	含义	示例
url	链接	http://＊＊:＊＊/geoserver/wms
service	服务器	WFS
version	版本	1.0.0
request	操作名称值	GetFeature
typeName	要描述的功能类型的名称	hx_cj:channel　(华兴_昌吉:水渠)
maxFeature	预览的最大要素数	默认为 50
outputformat	用于描述要素类型的方案描述语言	application/json

8.3.4 WFS 服务地址

以项目中的出水桩图层(riser)为例,介绍其 WFS 服务地址:

```
0 http://***:***/geoserver/hx_cj_24/ows?
1 service = WFS
2 version = 1.0.0
3 request = GetFeature
4 typeName = hx_cj_24%3Ariser
5 maxFeatures = 50
6 outputFormat = application%2Fjson
```

具体的参数说明如表 8-22 所示。

表 8-22 参数说明

编号	通用名	说明
0	url 链接	http://*:**/geoserver/wms
1	服务类型告诉服务器要发送 WFS 请求	WFS
2	指定要使用的 WFS 版本	1.0.0
3	请求的操作名	GetFeature
4	请求的图层名称	hx_cj:ariser (华兴_昌吉:出水桩)
5	预览的最大要素数	50
6	描述要素类型的格式	application%2Fjson

8.4 地理空间数据发布

GeoServer 中常见的服务状态说明如表 8-23 所示,主要包含数据目录、锁、连接、内存使用情况、更新序列、资源缓冲、配置和目录。

表 8-23 GeoServer 服务状态说明

名称	说明
数据目录	地图数据存储路径
锁	使用事务 Web 功能服务(WFS-T)客户端可以编辑已配置的功能类型。为了避免数据变脏,GeoServer 会锁定需要事务处理的数据,直到处理结束。如果数值大于 0,表示有一些事务正在处理数据。"可用锁"可重置挂起的编辑会话
连接	当前矢量数据存储的链接数

续 表

名称	说明
内存使用情况	GeoServer 使用的内存,"可用内存"按钮会手动触发 java 回收脏数据
更新序列	服务配置变更次数
资源缓存	缓存链接、元素类型定义、图形数据、字体、CRS 定义等,可单击"清除"按钮重新打开缓存,重新读取图形、字体信息
配置和目录	更新服务配置,不用重启 GeoServer

在打开 GeoServer 界面时,左侧会有相关参数的设置,如图 8-27 所示。本节通过对不同参数进行设置对其进行分别介绍。

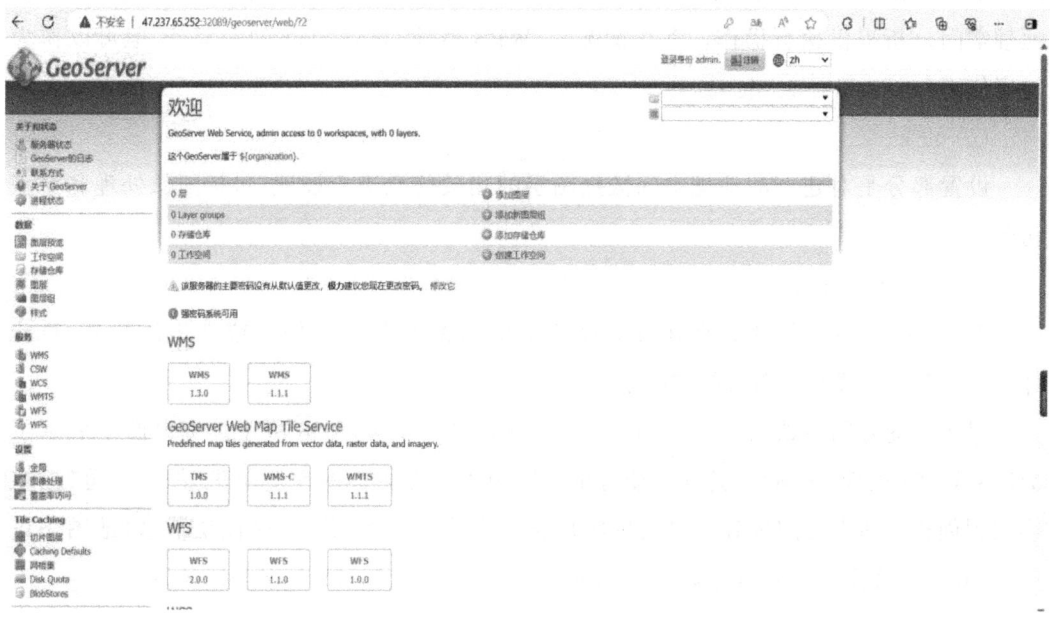

图 8-27　GeoServer 首页

（1）主要信息

关于 GeoServer 的主要信息包括 GeoServer 版本信息、Git 版本、构建日期、GeoTools 版本、GeoWebCache 版本,以及更多关于 GeoServer 的介绍信息。

（2）数据

在数据模块的分类模块下,GeoSever 包括图层预览、工作空间、存储仓库、图层、图层组和样式。在该模块下,GeoSever 可以对创建好的地图图层数据进行查看,每一个图层包含了该元素的元数据信息。GeoSever 可以对地理空间数据图层的存储仓库、图层、图层组进行相应的编辑设置。

(3) 服务

在服务模块下，GeoSever 主要有：WMS、CSW、WCS、WMTS、WFS、WPS 这 6 种。每种服务提供了不同的服务。WMS（Web map server）服务是 OGC（open geospatial consortium，开放地理信息联盟）标准，用于发布地理空间数据信息；CSW（catalog service for web）服务是基于 OGC 标准制定的一套空间信息目录服务的标准协议框架，用来协助用户在已有的 Web 服务中搜索、发现及注册空间数据和服务元信息（元数据）的网络目录服务协议；WCS（Web coverage service）发布基于栅格的图层；WMTS（Web map tile service）提供了一种采用预定义图块方法发布数字地图服务的标准化解决方案，切片地图 Web 服务；WFS（Web feature server）提供了渲染矢量数据的能力；WPS 是一种用于发布地理空间过程、算法和计算的 OGC 服务。WPS 服务是 GeoServer 的扩展，为数据处理和地理空间分析提供执行操作。默认情况下，WPS 不是 GeoServer 的一部分，但可以作为扩展使用。

(4) 设置

设置部分是对建立的地理空间数据图层的相关信息进行设置，包括图像处理和覆盖访问率。

(5) Tile Caching

Tile layers 菜单列出了所有被缓存的图层网格集菜单可创建或者修改样式，Disk Quota 可以预设置每个图层的空间量。

对于创建好图层数据时展示的 GeoServer 的界面如图 8-28 所示。该界面上展示了 WMS、WMTS、WFS、WCS 这 4 类服务的不同版本。在页面的左侧单击"图层预览"按钮会得到创建的所有图层内容。以项目华兴农场示范区为例，共 17 个图层信息（地图矢量图层 16 个及底图 1 个），具体如图 8-29 所示。

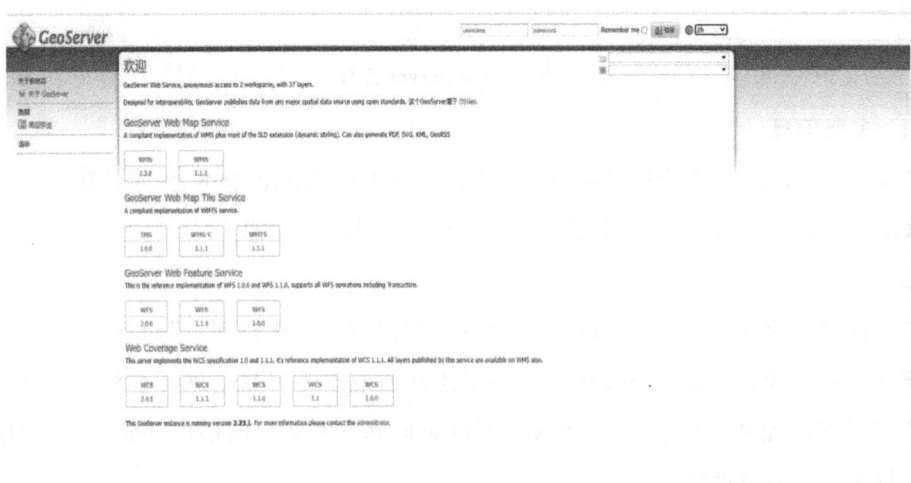

图 8-28　GeoServer 界面

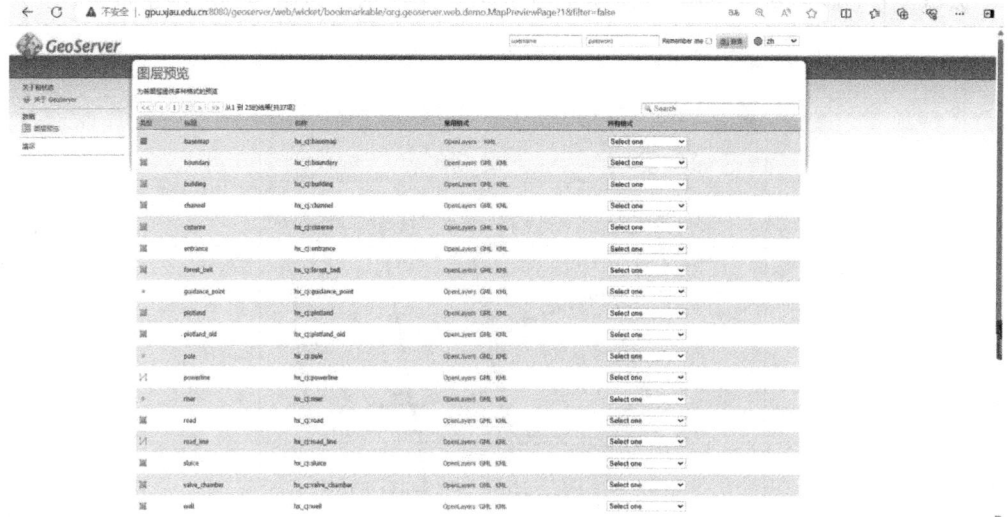

图 8-29 地图图层展示

在图层预览的界面,我们可以看到该项目中的地理空间数据图层的类型有点、线、面3种。每一个图层都有对应的标题和名称。每一种图层的标题是其对应的英文单词,名称是用 hx_cj 加图层标题,这里的 hx_cj 是指华兴_昌吉。

以边界(boundary)图层为例,其图层示例如图 8-30 所示。该图层的类型是面。在该图层示例中,我们可以对图层展示的大小进行调整,该图中还有图层的尺度及边界数据信息。图层的样式信息如颜色等可以根据要求进行修改。

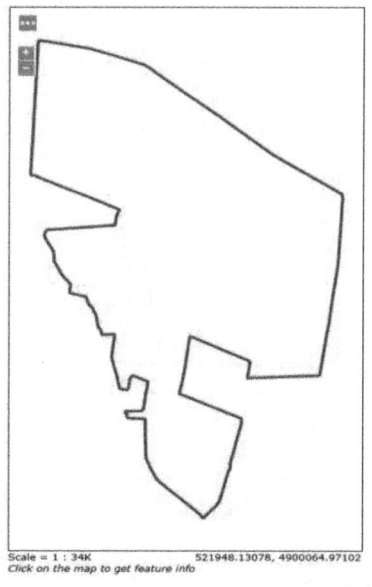

图 8-30 边界(boundary)图层示例

以电线杆(pole)图层为例,其图层示例如图 8-31 所示。该图层的类型是点。

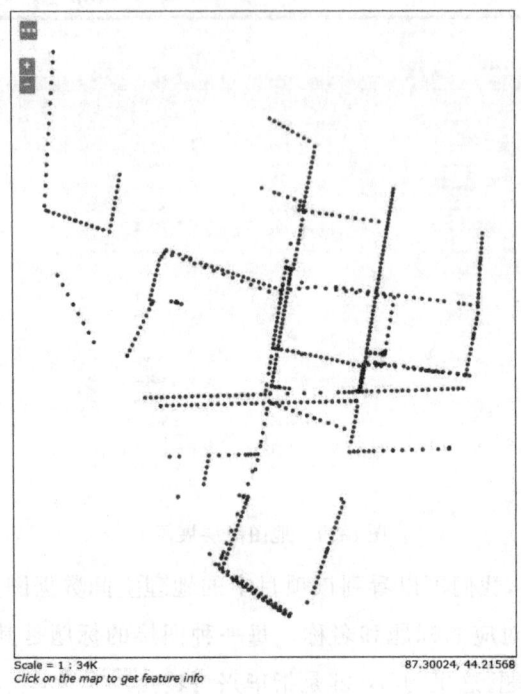

图 8-31　电线杆(pole)图层示例

以供电线路(powerline)图层为例,其图层示例如图 8-32 所示。该图层的类型是线。

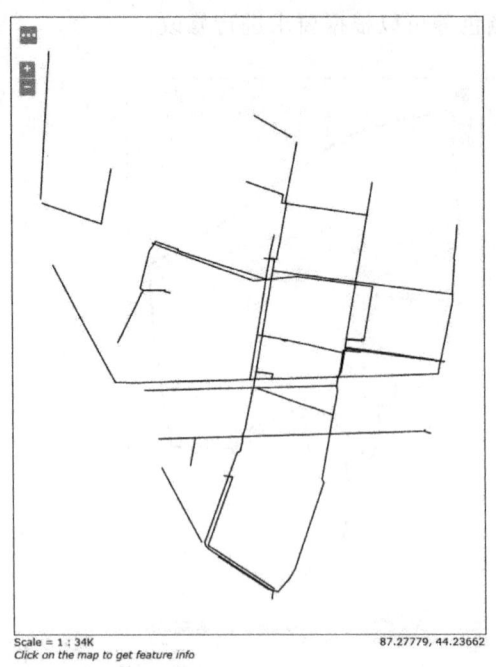

图 8-32　供电线路(powerline)图层示例

底图(basemap)图层是结合了点、线、面3类图层信息得到的。其图层示例如图 8-33 所示。通过该图层信息,用户可以看到完整的地理空间底图数据信息。

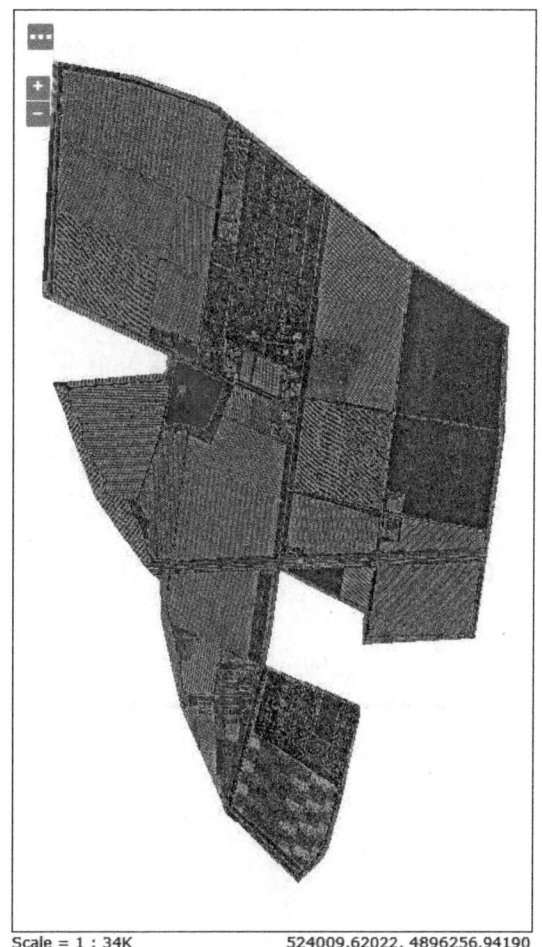

图 8-33　底图(basemap)图层示例

GeoServer 支持输出多种格式,用户可在不同图层所对应的格式下拉框中选择自己要查看的数据格式,根据使用的两种不同的图层接口服务 WMS 和 WFS,可以分别选择不同的格式输出,包括常见的 GML、CSV、GML3、GeoJSON 和 Shapefile 格式,还可以以 7 种其他输出格式预览所有图层类型:AtomPub、GIF、GeoRss、JPEG、KML(压缩)、PDF、PNG、SVG 和 TIFF。

以底图(basemap)图层为例,其在 WMS 服务下的不同格式选择如图 8-34(a)所示。以建筑物(building)图层为例,其在 WMS 和 WFS 服务下的不同格式选择如下图 8-34(b)、图 8-34(c)所示。

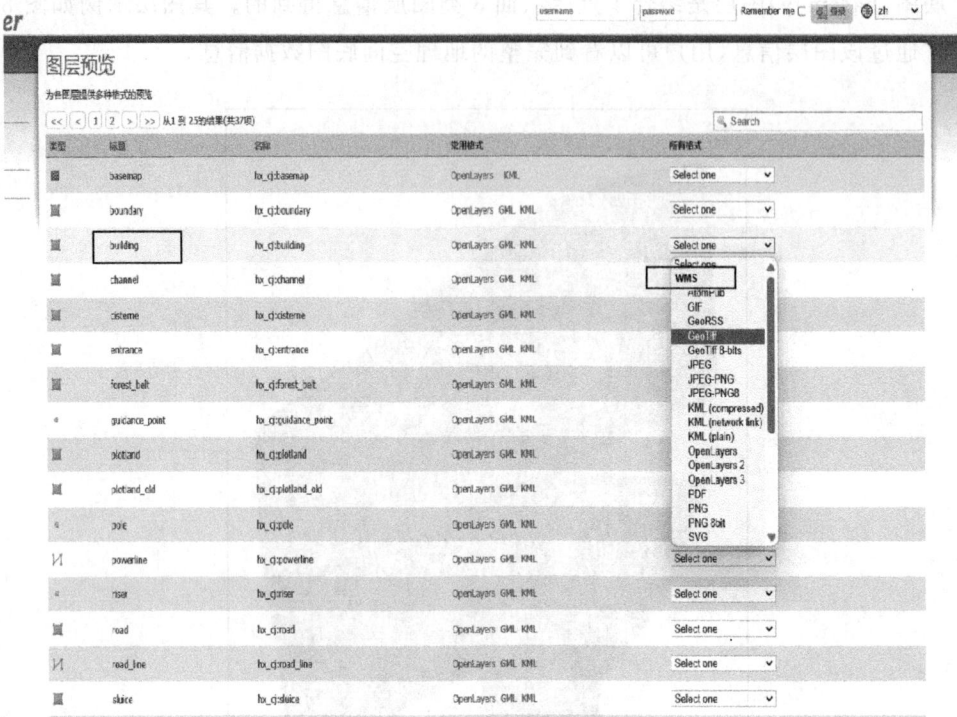

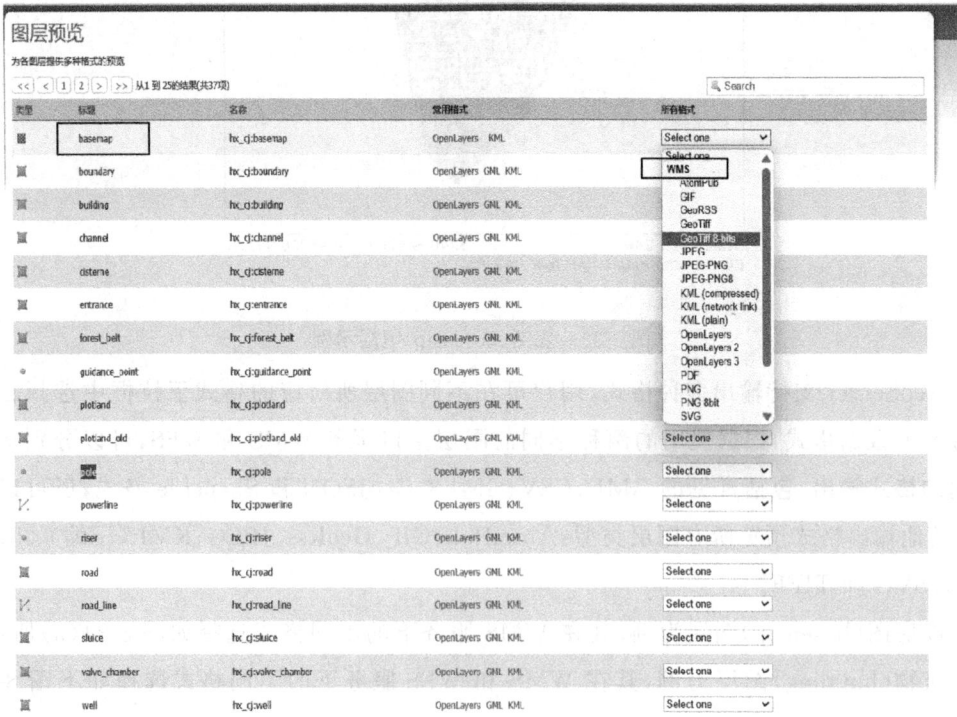

(a)

(b)

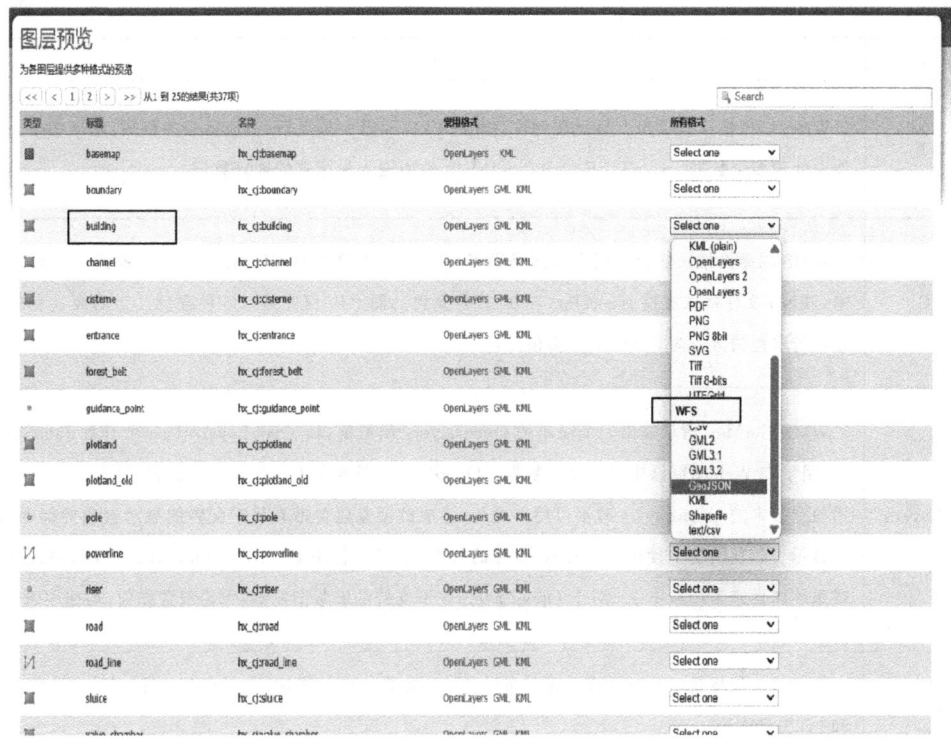

(c)

图 8-34 不同图层的输出格式样式

图层输出的格式根据输出类型不同分为图像输出、文本输出、数据输出。对这 3 类数据的介绍如表 8-24～表 8-26 所示。

表 8-24 图像输出格式

格式	描述
KML	钥匙孔标记语言（KML）是一种基于 XML 的语言架构，用于在 Google 浏览器（例如，Google Earth 或 Google Maps）中表达地理数据。KML 使用具有嵌套元素和属性的基于标记的结构。对于 GeoServer，KML 文件以 KMZ 的形式分发，是一个压缩的 KML 文件
JPEG	WMS 以栅格格式输出。JPEG 是一种压缩的图形文件格式，由于压缩而导致质量下降。它最适合用于照片，不建议用于精确复制数据
GIF	WMS 以栅格格式输出。图形交换格式（GIF）是一种位图图像格式，最适用于颜色数量有限的锐利线条艺术。这充分利用了格式的无损压缩功能，该功能有利于展示边缘均匀且具有明确边界的平坦区域（与 JPEG 相反，JPEG 有利于展示平滑渐变和更柔和的图像）。GIF 限于 8 位调色板或 256 色
SVG	WMS 矢量格式输出。可伸缩矢量图形（SVG）是一种用于在 XML 中对二维图形进行建模的语言。它与 GIF 和 JPEG 的不同之处在于，它使用图形作为对象而不是单个点

续表

格式	描述
TIFF	WMS 以栅格格式输出。标记图像文件格式(TIFF)是一种灵活、适应性强的格式,用于在单个文件中处理多个数据。GeoTIFF 包含在 TIFF 文件中嵌入为标签的地理数据
PNG	WMS 以栅格格式输出。便携式网络图形(PNG)文件格式是 GIF 的免费开放源代码的后继版本。PNG 文件格式支持 truecolor(1 600 万种颜色),而 GIF 仅支持 256 种颜色。当图像具有较大且均匀着色的区域时,PNG 文件会很出色
OpenLayers	WMS GetMap 请求输出一个简单的 OpenLayers 预览窗口。OpenLayers 是一个开源 JavaScript 库,用于在 Web 浏览器中显示地图数据。OpenLayers 输出具有一些高级过滤器,这些过滤器在使用独立版本的 OpenLayers 时不可用。此外,生成的预览包含带有易于配置的显示选项的标题,用于显示。默认情况下使用 OpenLayers 库的版本 3。可以使用 ENABLE_OL3(true/false)格式选项或系统属性来禁用版本 3。对于 OpenLayers 3 不支持的旧版浏览器,无论设置如何,均使用版本 2
PDF	便携式文档格式(PDF)封装了固定布局的 2D 文档的完整描述,包括任何文本、字体、光栅图像和 2D 矢量图形

表 8-25 文本输出格式

格式	描述
AtomPub	WMS 以 XML 格式输出空间数据。Atom 发布协议(AtomPub)是用于使用 HTTP 和 XML 发布和编辑 Web 资源的应用程序级协议。作为替代内容联合的 RSS 系列标准而开发的 Atom 允许订阅地理数据
GeoRss	WMS GetMap 请求以 XML 格式输出矢量数据。丰富站点摘要(RSS)是一种 XML 格式,用于交付定期更改的 Web 内容。GeoRss 是作为 RSS 提要的一部分对位置进行编码的标准。支持 Layers Preview 生成 RSS 2.0 文档,该文档具有使用 Atom 的 GeoRSS Simple 几何形状
GeoJSON	JSON(JavaScript object notation)是一种基于 JavaScript 编程语言的轻量级数据交换格式。这使它成为基于浏览器的应用程序的理想交换格式,因为它可以直接轻松地解析 javascript。GeoJSON 是纯文本输出格式,可将地理类型添加到 JSON
CSV	WFS GetFeature 输出以逗号分隔。逗号分隔值(CSV)文件是包含数据行的文本文件。每行中的数据值用逗号分隔。CSV 文件还包含一个逗号分隔的标题行,解释了每一行的值顺序。GeoServer 的 CSV 已完全流式传输,对可输出的数据量没有限制

表 8-26 数据输出格式

格式	描述
GML2/3	地理标记语言(GML)是 OGC(open geospatial consortium)定义的 XML 语法,用于表达地理特征。GML 可用作地理系统的建模语言以及用于地理数据共享的开放交换格式。GML2 是默认的(通用)输出格式,而 GML3 可从"所有格式"菜单使用
Shapefile	ESRI Shapefile(或简称为 Shapefile)是交换 GIS 数据最常用的格式。GeoServer 以 zip 格式输出 Shapefile,目录为 .cst、.dbf、.prg、.shp 和 .shx

8.5 地理空间数据访问

以项目华兴农场示范区为例,选用 GeoServer 作为高精地理空间数据图层预览的软件。使用到的图层接口服务包括 WMS 和 WFS 服务(基础底图只提供 WMS 服务)。项目包含地图矢量图层 16 个及底图 1 个,根据不同图层设置了不同的样式,采用的坐标系标准为 EPSG4538。用户可以根据图层接口的访问地址查看图层的信息,信息的格式可以分为图片格式和文本格式。

以图片格式(PNG)为例,分别查看出水桩(点)、道路线(线)、道路(面)这 3 种图层样式,其步骤如图 8-35 所示得到的预览结果分别如图 8-36(a)、图 8-36(b)、图 8-36(c)所示。

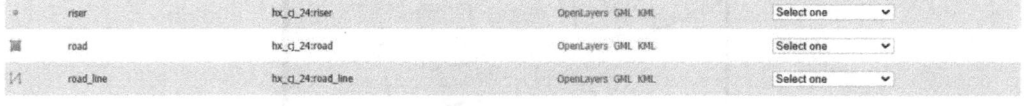

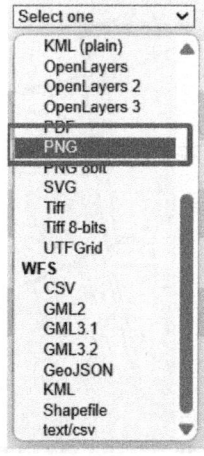

图 8-35 查看图片格式的图层样式

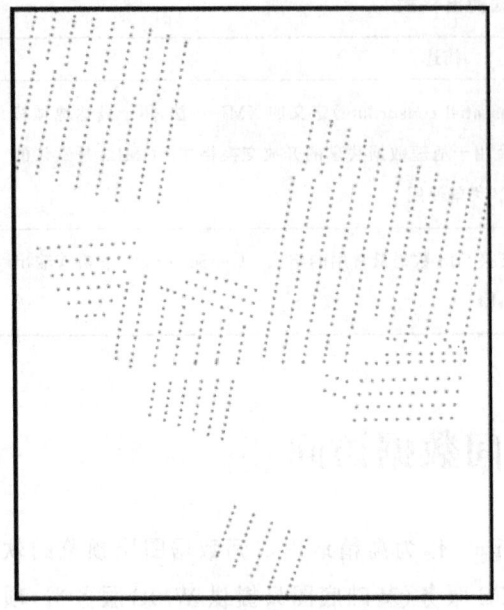
(a) 出水桩(点)

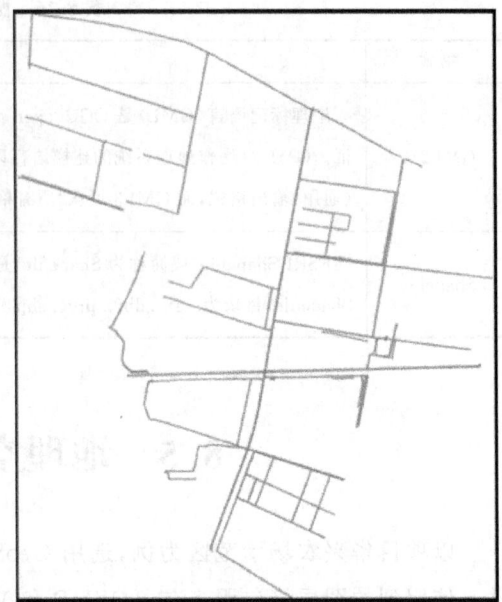
(b) 道路线(线)

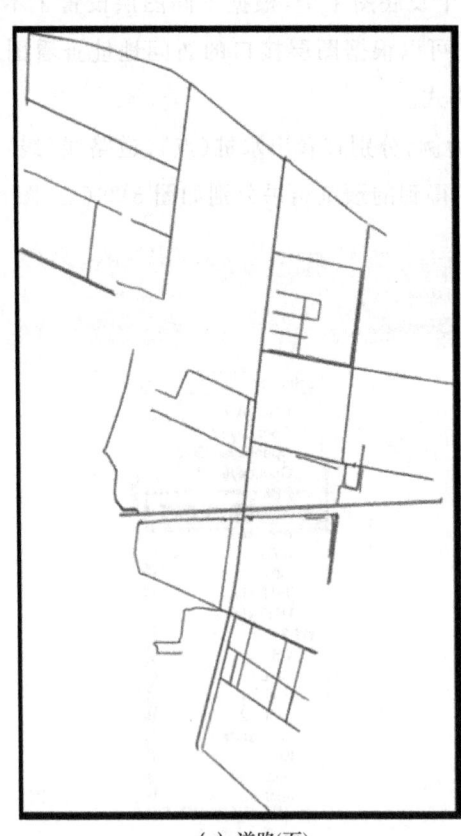
(c) 道路(面)

图 8-36　以图片格式访问地理空间数据图层

以文本格式(Shapefile)为例，分别查看电线杆(点)、供电线路(线)、地块(面)这 3 种图层样式，其步骤如图 8-37 所示，得到的预览结果分别如图 8-38(a)、图 8-38(b)、图 8-38(c)所示。选择以 Shapefile 为格式访问图层，会下载图层的压缩包文件，压缩包中包含.cst、.dbf、.prg、.shp 和.shx 这 5 个文件信息。

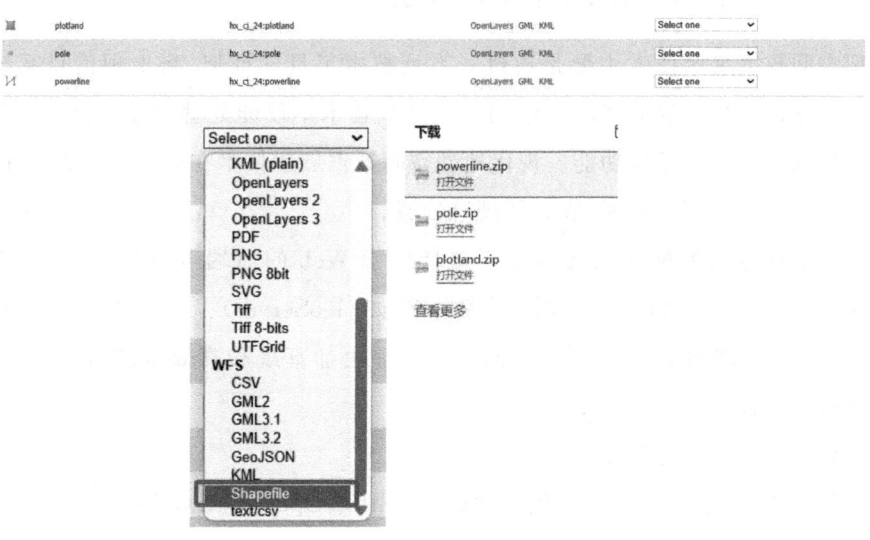

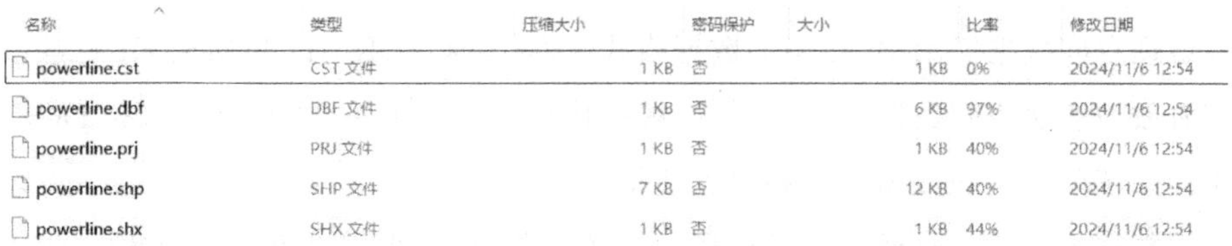

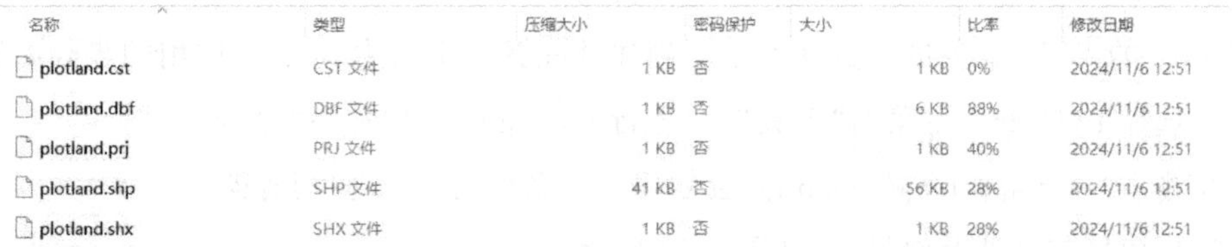

图 8-37 查看文本格式的图层样式

名称	类型	压缩大小	密码保护	大小	比率	修改日期
pole.cst	CST 文件	1 KB	否	1 KB	0%	2024/11/6 12:54
pole.dbf	DBF 文件	1 KB	否	8 KB	97%	2024/11/6 12:54
pole.prj	PRJ 文件	1 KB	否	1 KB	40%	2024/11/6 12:54
pole.shp	SHP 文件	1 KB	否	2 KB	45%	2024/11/6 12:54
pole.shx	SHX 文件	1 KB	否	1 KB	64%	2024/11/6 12:54

(a) 电线杆（点）

名称	类型	压缩大小	密码保护	大小	比率	修改日期
powerline.cst	CST 文件	1 KB	否	1 KB	0%	2024/11/6 12:54
powerline.dbf	DBF 文件	1 KB	否	6 KB	97%	2024/11/6 12:54
powerline.prj	PRJ 文件	1 KB	否	1 KB	40%	2024/11/6 12:54
powerline.shp	SHP 文件	7 KB	否	12 KB	40%	2024/11/6 12:54
powerline.shx	SHX 文件	1 KB	否	1 KB	44%	2024/11/6 12:54

(b) 供电线路（线）

名称	类型	压缩大小	密码保护	大小	比率	修改日期
plotland.cst	CST 文件	1 KB	否	1 KB	0%	2024/11/6 12:51
plotland.dbf	DBF 文件	1 KB	否	6 KB	88%	2024/11/6 12:51
plotland.prj	PRJ 文件	1 KB	否	1 KB	40%	2024/11/6 12:51
plotland.shp	SHP 文件	41 KB	否	56 KB	28%	2024/11/6 12:51
plotland.shx	SHX 文件	1 KB	否	1 KB	28%	2024/11/6 12:51

(c) 地块（面）

图 8-38 以文本格式访问地图图层

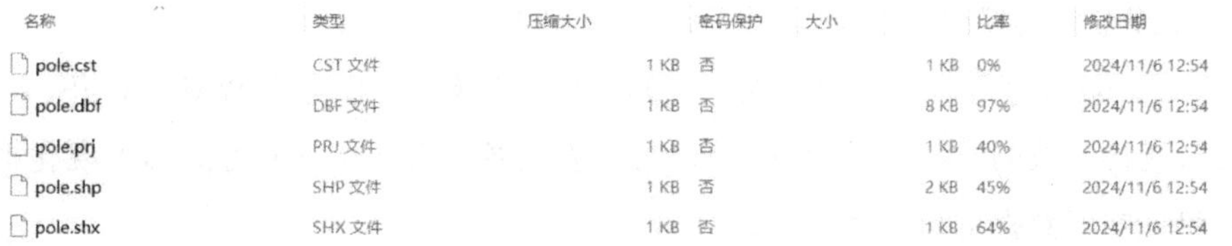

8.6 地理空间数据展示

8.6.1 地理空间数据展示技术概述

地理空间数据展示技术主要是通过一系列技术工具和框架,将地理信息系统(GIS)中的空间数据以可视化的形式展示给用户。这些技术不仅能处理大量的地理数据,还能提供空间数据的分析与呈现功能。现代地理空间数据展示技术在多个领域得到了广泛应用,涵盖了城市规划、环境监测、农业管理等领域。

常见的地理空间数据展示技术主要包括基于 Web 的前端可视化框架(如 Leaflet、OpenLayers 等)以及强大的后台数据支持系统(如 GeoServer)。这些技术能够通过对空间数据进行有效的处理、渲染和展示,使用户能够更加直观和高效地理解和分析地理信息。关键技术组件包括如下 3 个。

(1) 空间数据可视化工具

主要包括 Web 地理信息可视化框架(如 Leaflet、OpenLayers、Folium 等),它们提供了丰富的交互式功能和样式,支持各种类型的空间数据(如矢量数据、栅格数据等)的加载、展示与操作。

(2) 地理空间数据服务平台

如 GeoServer,它是一个开源的地理空间数据服务器,能够支持 WMS、WFS、WCS 等标准协议,提供高效的空间数据存储、处理与分发功能。GeoServer 为前端可视化框架提供支持,保证空间数据的可靠性与实时性。

(3) 数据格式与协议

在地理空间数据展示中,常用的数据格式有 GeoJSON、KML、WMS、WFS 等,这些格式能够有效地表达空间数据的几何形状、属性信息及空间关系。相关协议(如 OGC 标准)使得不同系统间的空间数据交换和兼容性得到了保证。

空间数据可视化工具通常只是项目功能的一部分,需要接入现有的工程。以 Django 项目为例,常见做法是创建一个专门用于空间数据展示的应用(如 map 应用),并通过 GeoServer 的 WFS 服务进行数据展示。创建并配置一个名为 map 的应用的步骤如下。

① 选择 PyCharm 主菜的"工具"→"运行 manage.py 任务…"命令;
② 输入"startapp map",Django 会创建一个名称为 map 应用骨架;
③ 创建静态文件存储目录,如图 8-39 所示。

创建静态文件存储目录的具体步骤如下。

a. 鼠标右键点击"map 目录",选择"新建"→"目录",输入"static",按下回车键;

b. 鼠标右键点击刚才创建的 static 目录，选择"新建"→"目录"，输入"map"，按下回车键；

c. 鼠标右键点击刚才创建的 map 子目录，选择"新建"→"目录"，输入"css"，按下回车键；

d. 鼠标右键点击刚才创建的 map 子目录，选择"新建"→"目录"，输入"images"，按下回车键；

e. 鼠标右键点击刚才创建的 map 子目录，选择"新建"→"目录"，输入"js"，按下回车键。

图 8-39　静态文件存储目录

8.6.2　基于 Folium 的空间数据可视化

Folium 是开源的 Python 语言地图应用开发工具包，对于不熟悉 Javascript 地图包的开发人员有一定的吸引力，Folium 实质上是对 Leaflet 的封装，最终由服务器端将 Folium 定义的地图转换为 Leaflet 格式发送到前端。用户若想在 Python 中安装 Folium 库，可以在项目虚环境命令行中输入以下命令：

```
pip install folium -i https://pypi.tuna.tsinghua.edu.cn/simple
```

安装完成后，即可使用 Folium 展示地理空间数据，下面是操作步骤。

（1）创建 map 应用的 css

在 map/static/map/css 子目录下创建 map.css 层叠样式表文件，部分代码如图 8-40 所示。

（2）创建模板文件

在 map/templates/map 子目录下创建 folium_map.html 模板文件，部分代码如图 8-41 所示。

（3）创建视图

在 map 应用的 view.py 文件中创建 map_all_layers_folium_view 视图函数时，应注意以下细节。

① 实例化 folium.Map 类，以创建地图对象，不使用缺省的 OpenStreetMap 瓦片图层；

② 实例化 folium.raster_layers.WmsTileLayer 类，以创建栅格瓦片图层；

③ 栅格瓦片图层的数据来自 GeoServer 提供的 WMS 服务接口；

④ 实例化 folium.LayerControl 类，以创建图层选择控制对象；

⑤ 利用地图对象的_repr_html_()方法获取地图的 html 表示。

```
01.  /**************************************************************
02.      功能：map 应用 CSS
03.  **************************************************************/
04.
05.  /**第一部分：导航栏**/
06.  .navbar-brand {
07.      display: flex;
08.      align-items: center;
09.      color: #ffffff;
10.  }
11.  /**第二部分：页面主体背景颜色**/
12.  body {
13.      background-color: #FFEFFF;
14.  }
15.  /** 第三部分，页面主体**/
16.  .container-fluid .jumbotron {
17.      box-shadow: 0 0 5px #3F0C1F;
18.      border: 1px solid #3F0C1F;
19.  }
20.  /**第四部分：页脚**/
21.  .footer {
22.      margin-top: 0;
23.      padding-top: 0;
24.      padding-bottom: 30px;
25.      background-color: #CD1076;
26.      border-top: 0;
27.      color: #ffffff;
28.      font-size: 0.9em;
29.  }
```

图 8-40　创建 map 应用的 css

```
01.  <!--**************************************************************
02.      功能：folium 地图页面模版
03.  **************************************************************-->
04.  {% extends 'base.html' %}
05.  {% load static %}
06.  {% block post-title %}欢迎您！{% endblock %}
07.  {% block css %}
08.      <link rel="stylesheet" href="{% static 'map/css/map.css' %}" type="text/css"/>
09.  {% endblock %}
10.  {% block header %}
11.      <div class="menu-bar">
12.          {% include "data_center/navbar.html" %}
13.      </div>
14.
15.  {% endblock %}
16.  {% block content %}
17.      {{ my_map|safe }}
18.  {% endblock %}
19.  {% block js %}
20.      <script src="{% static 'data_center/js/data_center.js' %}"></script>
21.  {% endblock %}
```

图 8-41　创建模板文件

以添加栅格瓦片基础地图为例，其他图层代码省略，部分代码如图 8-42 所示。

```
01. """**************************************************************
02.    功能：地理空间数据应用的视图
03. **************************************************************"""
04. from django.shortcuts import render
05. import folium
06.
07. def map_all_layers_folium_view(request):
08.     # 创建地图，删除缺省的OpenStreetMap瓦片图层
09.     m = folium.Map(location=[44.2165, 87.287], tiles=None, zoom_start=14, control_scale=True)
10.     # 添加栅格瓦片基础地图
11.     folium.raster_layers.WmsTileLayer(url='http://gpu.xjau.edu.cn:8080/geoserver/hx_cj/wms',
12.                                       layers='hx_cj:basemap',
13.                                       transparent=True,
14.                                       control=True,
15.                                       fmt="image/png",
16.                                       name='农场基础地图',
17.                                       attr='农场',
18.                                       overlay=True,
19.                                       show=True,
20.                                       version='1.1.0').add_to(m)
21.
22.     # 将图层选择控制添加到地图
23.     folium.LayerControl().add_to(m)
24.
25.     # 获取地图的html表示
26.     m_html = m._repr_html_()
27.
28.     # 创建语境字典变量
29.     context = {'my_map': m_html}
30.
31.     # 渲染视图
32.     return render(request, 'map/folium_map.html', context)
```

图 8-42　添加栅格瓦片基础地图

（4）定义路径映射

在 map 应用的 urls.py 文件中定义路径映射，代码如图 8-43 所示。

```
01. """**************************************************************
02.    功能：地理空间数据应用的路径映射
03. **************************************************************"""
04. from django.urls import path
05. from map import views
06.
07. urlpatterns = [
08.     path('folium/', views.map_all_layers_folium_view, name='map_all_layers_folium'),
09. ]
```

图 8-43　定义路径映射

（5）汇集路径映射

在项目的 urls.py 文件中汇集路径映射，部分代码如图 8-44 所示。

（6）测试基于 folium、GeoServer 的图层页面

运行项目，在浏览器访问 http://127.0.0.1:8000/map/folium/进行测试。

受网络访问能力的限制，可能导致页面加载时间过长甚至无法加载，原因是 folium 使用了如下资源。

① https://cdn.jsdelivr.net/npm/leaflet@1.9.3/dist/leaflet.css；

② https://cdn.jsdelivr.net/npm/bootstrap@5.2.2/dist/css/bootstrap.min.css；

③ https://netdna.bootstrapcdn.com/bootstrap/3.0.0/css/bootstrap.min.css；

④ https://cdn.jsdelivr.net/npm/@fortawesome/fontawesome-free@6.2.0/css/all.min.css；

⑤ https://cdnjs.cloudflare.com/ajax/libs/Leaflet.awesome-markers/2.0.2/leaflet.awesome-markers.css；

⑥ https://cdn.jsdelivr.net/gh/python-visualization/folium/folium/templates/leaflet.awesome.rotate.min.css

⑦ https://cdn.jsdelivr.net/npm/leaflet@1.9.3/dist/leaflet.js；

⑧ https://code.jquery.com/jquery-1.12.4.min.js；

⑨ https://cdn.jsdelivr.net/npm/bootstrap@5.2.2/dist/js/bootstrap.bundle.min.js；

⑩ https://cdnjs.cloudflare.com/ajax/libs/Leaflet.awesome-markers/2.0.2/leaflet.awesome-markers.js。

```
01. """*************************************************
02.     功能：项目的URL配置文件
03. *************************************************"""
04. from django.contrib import admin
05. from django.urls import include, path
06. from django.conf.urls.static import static
07. from drf_spectacular.views import SpectacularAPIView, SpectacularJSONAPIView, \
08.     SpectacularRedocView, SpectacularSwaggerView
09.
10. from iFarm import settings
11.
12. urlpatterns = [
13.     path('admin/', admin.site.urls),  # Django后台管理
14.     ......
15.     path('map/', include('map.urls')),  # 将map应用的路径映射路径映射到项目的路径映射
16. ]
17.
18. if settings.DEBUG:
19.     urlpatterns += static(settings.MEDIA_URL, document_root=settings.MEDIA_ROOT)
20.
21. https://cdn.jsdelivr.net/npm/leaflet@1.9.3/dist/leaflet.css
22. https://cdn.jsdelivr.net/npm/bootstrap@5.2.2/dist/css/bootstrap.min.css
23. https://netdna.bootstrapcdn.com/bootstrap/3.0.0/css/bootstrap.min.css"
24. https://cdn.jsdelivr.net/npm/@fortawesome/fontawesome-free@6.2.0/css/all.min.css
25. https://cdnjs.cloudflare.com/ajax/libs/Leaflet.awesome-markers/2.0.2/leaflet.awesome-markers.css
26. https://cdn.jsdelivr.net/gh/python-
    visualization/folium/folium/templates/leaflet.awesome.rotate.min.css
27.
28. https://cdn.jsdelivr.net/npm/leaflet@1.9.3/dist/leaflet.js
29. https://code.jquery.com/jquery-1.12.4.min.js
30. https://cdn.jsdelivr.net/npm/bootstrap@5.2.2/dist/js/bootstrap.bundle.min.js
31. https://cdnjs.cloudflare.com/ajax/libs/Leaflet.awesome-markers/2.0.2/leaflet
```

图 8-44　汇集路径映射

（7）解决页面加载时间过长甚至无法加载问题

将 folium 使用到的资源文件提前下载到本地并添加 map 应用的合适位置。查看 base.html 模板是否包含 bootstrap 5.22 和 jquery 1.12.4，若包含这两个库则无须处理。

① 下载最新 Leaflet 库，地址为 https://leafletjs-cdn.s3.amazonaws.com/content/

leaflet/v1.9.4/leaflet.zip。

② 将 Leaflet JavaScript 库和 css 文件添加到 map 应用的 static 目录解压缩下载的 leaflet.zip 压缩包，将解压缩后的 leaflet 文件添加到 map 应用的合适位置，具体位置如下。

    a. 在 map/static/css 目录中创建 leaflet 子目录；

    b. 在 map/static/js 目录中创建 leaflet 子目录；

    c. 将解压缩后得到的 leaflet.css 添加到 map/static/css/leaflet 子目录之中；

    d. 将解压缩后得到的 images 子目录添加到 map/static/css/leaflet 子目录之中；

    e. 将解压缩后得到的 leaflet.js 和 leaflet.js.map 两个文件添加到 map/static/js/leaflet 子目录之中。

③ 下载标记 css，地址为 https://cdnjs.cloudflare.com/ajax/libs/Leaflet.awesome-markers/2.0.2/leaflet.awesome-markers.css。

④ 将下载的 awesome-markers.css 文件添加到 map/static/css/leaflet 子目录之中。

⑤ 从下列地址下载标记字体 css，地址为 https://cdn.jsdelivr.net/npm/@fortawesome/fontawesome-free@6.2.0/css/all.min.css。

⑥ 将下载的 all.min.css 文件添加到 map/static/css/leaflet 子目录之中。

⑦ 下载字体图标 css，地址为 https://netdna.bootstrapcdn.com/bootstrap/3.0.0/css/bootstrap.min.css。

⑧ 将下载的 bootstrap.min.css 文件添加到 map/static/css/bootstrap3.0.0 子目录之中。

⑨ 下载旋转 css，地址为 https://cdn.jsdelivr.net/gh/python-visualization/folium/folium/templates/leaflet.awesome.rotate.min.css。

⑩ 将下载的 leaflet.awesome.rotate.min.css 文件添加到 map/static/css/leaflet 子目录之中。

⑪ 下载标记 js，地址为 https://cdnjs.cloudflare.com/ajax/libs/Leaflet.awesome-markers/2.0.2/leaflet.awesome-markers.js。

⑫ 将下载的 leaflet.awesome-markers.js 文件添加到 map/static/js/leaflet 子目录中。

⑬ 修改视图函数 map_all_layers_folium_view，部分代码如图 8-45 所示。

图 8-46 展示了结合 Folium 与 GeoServer 创建的地理数据展示页面。

```
01    css_links = dict(m.default_css)
02    css_links['leaflet_css'] = '/static/map/css/leaflet/leaflet.css'
03    css_links['bootstrap_css'] = ''
04    css_links['glyphicons_css'] = '/static/map/css/bootstrap3.0.0/bootstrap.min.css'
05    css_links['awesome_markers_font_css'] = '/static/map/css/leaflet/all.min.css'
06    css_links['awesome_markers_css'] = '/static/map/css/leaflet/leaflet.awesome-markers.css'
07    css_links['awesome_rotate_css'] = '/static/map/css/leaflet/leaflet.awesome.rotate.min.css'
08    m.default_css = list(css_links.items())
09
10    # 地图javascript使用本地静态资源
11    js_links = dict(m.default_js)
12    js_links['leaflet'] = '/static/map/js/leaflet/leaflet.js'
13    js_links['jquery'] = ''
14    js_links['bootstrap'] = ''
15    js_links['awesome_markers'] = '/static/map/js/leaflet/leaflet.awesome-markers.js'
16    m.default_js = list(js_links.items())
```

图 8-45　修改视图函数

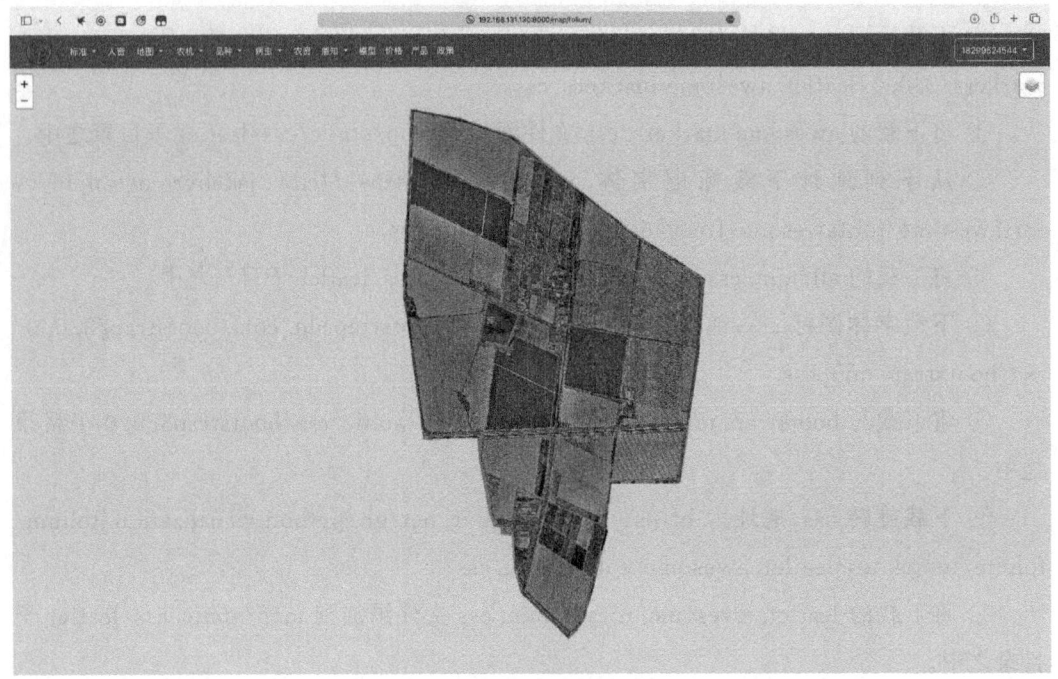

图 8-46　基于 Folium 的地理空间数据展示

8.6.3　基于 Leaflet 的空间数据可视化

Leaflet 是一个开源 JavaScript 库，可以帮助开发人员创建地图应用程序。开发人员可以在浏览器中创建瓦片地图，创建交互层，以便用户可以使用应用程序中的弹出窗口和标记。Leaflet 主要是为了支持移动应用程序而诞生的，具有常见在线地图支持的所有功能。用户界面对于任何移动用户来说都很舒适。在 Python 中安装 Leaflet 库，可在项目虚环境命令行输入以下命令：

```
pip install folium -i https://pypi.tuna.tsinghua.edu.cn/simple
```

安装完成后,即可使用 Leaflet 展示地理空间数据,具体操作步骤如下。

(1) 创建 map 应用的 css

与 8.6.2 小节步骤(1)一致。

(2) 创建 Javascript 脚本文件

在 map/static/map/js 子目录下创建 leaflet_map.js 模板文件,以添加农场地图和边界为例,其他图层代码省略,部分代码如图 8-47 所示。

```
01.  """***************************************************
02.     功能:leaflet地图Javascript脚本文件
03.  ***************************************************"""
04.
05.  function createMap(center, zoom) {
06.      // 创建地图并设置视图
07.      let map = L.map('map')setView(center, zoom);
08.
09.      //从geoserver加载基础地图
10.      let baseMap = L.tileLayer.wms("http://****:****/geoserver/hx_cj/wms", {
11.          layers: 'hx_cj:basemap',
12.          format: 'image/png',
13.          transparent: true,
14.          version: '1.1.0',
15.          attribution: "农场地图"
16.      }).addTo(map);
17.
18.      //从geoserver加载边界地图
19.      let boundaryMap = L.tileLayer.wms("http://****:****/geoserver/hx_cj/wms", {
20.          layers: 'hx_cj:boundary',
21.          format: 'image/png',
22.          transparent: true,
23.          version: '1.1.0',
24.      }).addTo(map);
25.
26.      // 添加图层选择控件
27.      let layerControl = L.control.layers().addTo(map);
28.      layerControl.addOverlay(baseMap, "农场基础地图");
29.      layerControl.addOverlay(boundaryMap, "边界");
30.
31.      // 添加比例尺控件
32.      L.control.scale({imperial: false}).addTo(map)
33.      return map
34.  }
```

图 8-47 添加农场地图和边界

(3) 创建模板文件

在 map/templates/map 子目录下创建 leaflet_map.html 模板文件,部分代码如图 8-48 所示。

(4) 创建视图

在 map 应用的 view.py 文件中创建 map_all_layers_leaflet_view 视图函数,添加如图 8-49 所示的代码。

(5) 定义路径映射

在 map 应用的 urls.py 文件中定义路径映射,部分代码如图 8-50 所示。

```
"""
****************************************************************
    功能：leaflet地图页面模板
****************************************************************
"""
{% extends 'base.html' %}
{% load static %}
{% block post-title %}欢迎您！{% endblock %}
{% block css %}
    <link rel="stylesheet" href="{% static 'map/css/leaflet/leaflet.css' %}" type="text/css"/>
    <link rel="stylesheet" href="{% static 'map/css/map.css' %}" type="text/css"/>
{% endblock %}
{% block header %}
    <div class="menu-bar">
        {% include "data_center/navbar.html" %}
    </div>
{% endblock %}

{% block content %}
    <div id="map" class="map"></div>
{% endblock %}
{% block js %}
    <script src="{% static 'map/js/leaflet/leaflet.js' %}"></script>
    <script src="{% static 'map/js/leaflet_map.js' %}"></script>
    <script>
        document.addEventListener('DOMContentLoaded', () => {
            let map = createMap([44.2165, 87.287], 14);
        })
    </script>
{% endblock %}
```

图 8-48　创建模板文件

```
from django.shortcuts import render

def map_all_layers_leaflet_view(request):
    # 渲染视图
    return render(request, 'map/leaflet_map.html')
```

图 8-49　创建视图

```
"""****************************************************************
    功能：地理空间数据应用的路径映射
****************************************************************"""
from django.urls import path
from map import views

urlpatterns = [
    path('folium/', views.map_all_layers_folium_view, name='map_all_layers_folium'),
    path('leaflet/', views.map_all_layers_leaflet_view, name='map_all_layers_leaflet'),
]
```

图 8-50　定义路径映射

（6）汇集路径映射

与 8.6.2 小节步骤(6)一致。

（7）测试基于 Leaflet、GeoServer 的图层地图页面

运行项目，在浏览器访问 http://127.0.0.1:8000/map/leaflet/进行测试。

图 8-51 展示了结合 Leaflet 与 GeoServer 创建的地理数据展示页面。

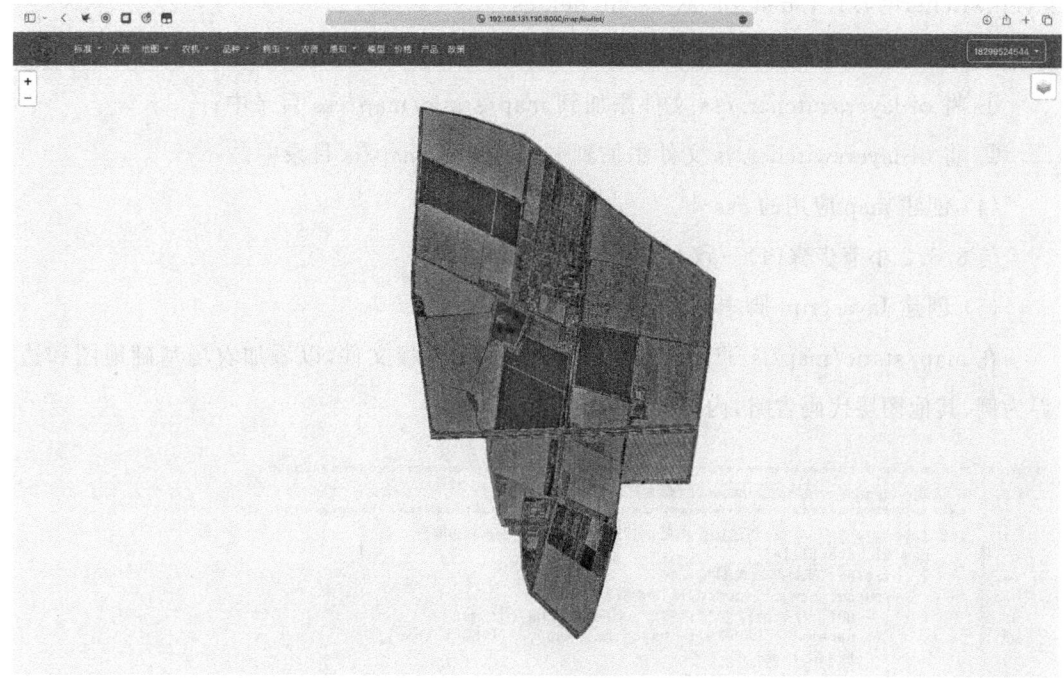

图 8-51 基于 Leaflet 的地理空间数据展示

8.6.4 基于 OpenLayers 的空间数据可视化

OpenLayers 是一个开源 JavaScript 库,可帮助在任何网络浏览器中将地图数据显示为交互地图,OpenLayers 为开发人员提供了丰富的 API。OpenLayers 可以为任何浏览页面提供地图服务,其功能比 Leaflet 更丰富。可以为浏览器用户提供互动体验。在 Python 中安装 OpenLayers 库需先下载 OpenLayers 软件包,官方下载地址为 https://github.com/openlayers/openlayers/releases/download/v7.4.0/v7.4.0-package.zip。

解压 OpenLayers 软件包,通过配置即可使用 OpenLayers 库展示地理空间数据,具体操作步骤如下。

(1) 将 OpenLayers 资源文件添加到 map 应用的合适位置

① 将 v7.4.0-package 目录中的 ol.css 文件添加到 map/static/map/css 目录中;

② 将 v7.4.0-package/dist 目录中的 ol.js、ol.js.map 文件添加到 map/static/map/js 目录中。

(2) 下载 ol-layerswitcher 软件包

ol-layerswitcher 软件包是 OpenLayers 的图层管理插件,官方下载地址为 https://unpkg.com/ol-layerswitcher@4.1.1/dist/ol-layerswitcher.js、https://unpkg.com/ol-layerswitcher@4.1.1/dist/ol-layerswitcher.css。

（3）将 ol-layerswitcher 资源文件添加到 map 应用的合适位置

① 将 ol-layerswitcher.css 文件添加到 map/static/map/css 目录中；

② 将 ol-layerswitcher.js 文件添加到 map/static/map/js 目录中。

（4）创建 map 应用的 css

与 8.6.2 小节步骤（4）一致。

（5）创建 Javascript 脚本文件

在 map/static/map/js 子目录下创建 ol_map.js 模板文件，以添加农场基础地图和边界为例，其他图层代码省略，内容如图 8-52 所示。

```
01. """**************************************************************
02.     功能：OpenLayers地图Javascript脚本文件
03. **************************************************************"""
04. let layers = [             // 创建16个图层，数据来自Geoserver WMS服务
05.     new ol.layer.Tile({
06.         title: "农场基础地图",
07.         source: new ol.source.TileWMS({
08.             url: 'http://****:****/geoserver/hx_cj/wms',
09.             params: {'LAYERS': 'hx_cj:basemap', 'TILED': true},
10.             transition: 0,
11.         }),
12.     }),
13.     new ol.layer.Tile({
14.         title: "边界",
15.         source: new ol.source.TileWMS({
16.             url: 'http://****:****/geoserver/hx_cj/wms',
17.             params: {'LAYERS': 'hx_cj:boundary', 'TILED': true},
18.             transition: 0,
19.             version: '1.1.0',
20.         }),
21.     })
22. ];
23. function createMap(center, zoom) {
24.     let map = new ol.Map({          // 创建地图对象
25.         target: 'map',
26.         layers: layers,
27.         view: new ol.View({center: ol.proj.fromLonLat(center), zoom: zoom})
28.     });
29.     let layerSwitcher = new ol.control.LayerSwitcher({     // 添加图层控制功能
30.         activationMode: 'click',
31.         startActive: false,
32.         groupSelectStyle: 'children'
33.     });
34.     map.addControl(layerSwitcher);
35.     return map;
36. }
```

图 8-52　添加农场基础地图和边界

（6）创建模板文件

在 map/templates/map 子目录下创建 openlayers_map.html 模板文件，代码如图 8-53 所示。

```
01.  <!--**************************************************************
02.     功能：Openlayers地图页面模版
03.  **************************************************************-->
04.  {% extends 'base.html' %}
05.  {% load static %}
06.  {% block post-title %}欢迎您！{% endblock %}
07.  {% block css %}
08.      <link rel="stylesheet" href="{% static 'map/css/ol.css' %}" type="text/css"/>
09.      <link rel="stylesheet" href="{% static 'map/css/ol-layerswitcher.css' %}" type="text/css"/>
10.      <link rel="stylesheet" href="{% static 'map/css/map.css' %}" type="text/css"/>
11.  {% endblock %}
12.  {% block header %}
13.      <div class="menu-bar">
14.          {% include "data_center/navbar.html" %}
15.      </div>
16.  {% endblock %}
17.
18.  {% block content %}
19.      <div id="map" class="map">
20.      </div>
21.  {% endblock %}
22.  {% block js %}
23.      <script src="{% static 'map/js/ol.js' %}"></script>
24.      <script src="{% static 'map/js/ol-layerswitcher.js' %}"></script>
25.      <script src="{% static 'map/js/ol_map.js' %}"></script>
26.      <script>
27.          document.addEventListener('DOMContentLoaded', () => {
28.              let map = createMap([87.287, 44.2165], 14);
29.          })
30.      </script>
31.  {% endblock %}
```

图 8-53　创建模板文件

（7）创建视图

在 map 应用的 view.py 文件中创建 map_all_layers_ol_view 视图函数，添加如图 8-54 所示的代码。

```
01.  from django.shortcuts import render
02.
03.  def map_all_layers_ol_view(request):
04.      # 渲染视图
05.      return render(request, 'map/openlayers_map.html')
```

图 8-54　创建视图

（8）定义路径映射

在 map 应用的 urls.py 文件中定义路径映射，代码如图 8-55 所示。

```
01.  """**************************************************************
02.     功能：地理空间数据应用的路径映射
03.  **************************************************************"""
04.  from django.urls import path
05.  from map import views
06.
07.  urlpatterns = [
08.      path('folium/', views.map_all_layers_folium_view, name='map_all_layers_folium'),
09.      path('leaflet/', views.map_all_layers_leaflet_view, name='map_all_layers_leaflet'),
10.      path('ol/', views.map_all_layers_ol_view, name='map_all_layers_ol'),
11.  ]
```

图 8-55　定义路径映射

(9) 汇集路径映射

与 8.6.2 小节步骤(5)一致。

(10) 测试基于 OpenLayers、GeoServer 的图层地图页面

运行项目,在浏览器访问 http://127.0.0.1:8000/map/ol/地址进行测试。

图 8-56 展示了利用 OpenLayers 与 GeoServer 相结合创建的地理数据展示页面。

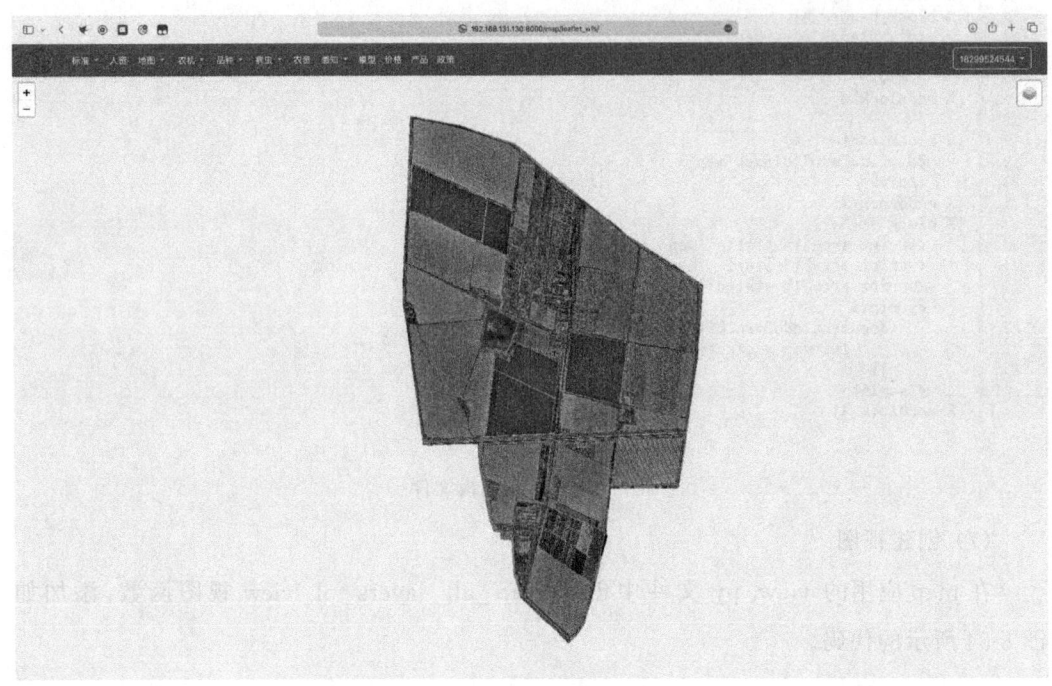

图 8-56　基于 OpenLayers 的地理空间数据展示

当使用 Folium、Leaflet 和 OpenLayers 这 3 种空间数据可视化工具时,只要样式设置一致,它们都能呈现出相同的展示效果。这是因为这 3 个工具在底层都依赖于 Leaflet.js 作为地图的渲染引擎,尽管它们在实现细节和接口上有所不同,但通过统一的样式配置,能够确保相同的地图外观和交互体验。这种一致性使得开发者能够在不同的工具之间灵活选择,使开发者可以依据项目需求实现空间数据的高效展示,同时保证了用户体验的一致性。

8.6.5　基于 OpenLayers 的栅格数据可视化

GeoServer WMS 服务支持栅格数据,虽然通过瓦片切割、缓冲等技术提升了响应速度,但如果所有图层都使用 WMS 服务依然会带来性能问题。

以华兴农场项目为例,16 个图层全部使用 WMS 服务会影响用户体验。GeoServer 为矢量图层提供了 WFS 服务,使得矢量图层以 Geojson 格式投送,可以显著提升响应速

度。该模块使用 GeoServer 的 WMS 服务获取华兴农场基础图层,其余 15 个图层使用 GeoServer 的 WFS 服务获取。安装 OpenLayers 软件可参考 8.6.4 小节,通过配置即可使用 OpenLayers 库展示图层,具体操作步骤如下。

(1) 创建 map 应用的 css

与 8.6.4 小节步骤(1)一致。

(2) 创建 Javascript 脚本文件

在 map/static/map/js 子目录下创建 ol_vector_map.js 模板文件,以添加农场基础地图和边界为例,其他图层代码省略,部分代码如图 8-57 所示。

```
"""********************************************************
功能: OpenLayers地图Javascript脚本文件, 矢量图层使用WFS服务获取
*********************************************************"""
// 创建图层, 数据来自Geoserver WMS、WFS服务
let layers = [
    new ol.layer.Tile({
        title: "农场基础地图",
        source: new ol.source.TileWMS({
            url: 'http://****:****/geoserver/hx_cj/wms',
            params: {'LAYERS': 'hx_cj:basemap', 'TILED': true},
            transition: 0,
        }),
    }),

    new ol.layer.Vector({
        title: "边界",
        source: new ol.source.Vector({
            url: 'http://****:****/geoserver/hx_cj/ows?service=WFS&version=1.0.0' +
                '&request=GetFeature&typeName=hx_cj:boundary&outputFormat=application/json',
            format: new ol.format.GeoJSON(),
            attributions: '@geoserver',
        }),
        style: new ol.style.Style({
            stroke: new ol.style.Stroke({
                color: 'rgba(255, 0, 0, 1.0)',
                width: 4,
            }),
        }),
    })
];

function createMap(center, zoom) {
    let map = new ol.Map({        // 创建地图对象
        controls: [new ol.control.FullScreen(), new ol.control.Zoom()],
        target: 'map',
        layers: layers,
        view: new ol.View({
            center: ol.proj.fromLonLat(center),
            zoom: zoom
        })
    });

    let layerSwitcher = new ol.control.LayerSwitcher({     // 添加图层管理功能
        activationMode: 'click',
        startActive: false,
        groupSelectStyle: 'children'
    });
    map.addControl(layerSwitcher);
    return map;
}
```

图 8-57 添加农场基础地图和边界

(3) 创建模板文件

在 map/templates/map 子目录下创建 openlayers_vector_map.html 模板文件，代码如图 8-58 所示。

```html
01  <!--*************************************************************
02     功能：农场1个栅格图层、15个矢量图层页面模版
03  *************************************************************-->
04  {% extends 'base.html' %}
05  {% load static %}
06  {% block post-title %}欢迎您！{% endblock %}
07  {% block css %}
08      <link rel="stylesheet" href="{% static 'map/css/ol.css' %}" type="text/css"/>
09      <link rel="stylesheet" href="{% static 'map/css/ol-layerswitcher.css' %}" type="text/css"/>
10      <link rel="stylesheet" href="{% static 'map/css/map.css' %}" type="text/css"/>
11  {% endblock %}
12  {% block header %}
13      <div class="menu-bar">
14          {% include "data_center/navbar.html" %}
15      </div>
16  {% endblock %}
17
18  {% block content %}
19      <div id="map" class="map"></div>
20      </div>
21  {% endblock %}
22  {% block js %}
23      <script src="{% static 'map/js/ol.js' %}"></script>
24      <script src="{% static 'map/js/ol-layerswitcher.js' %}"></script>
25      <script src="{% static 'map/js/ol_vector_map.js' %}"></script>
26      <script>
27          document.addEventListener('DOMContentLoaded', () => {
28              let map = createMap([87.287, 44.2165], 14);
29          })
30      </script>
31  {% endblock %}
```

图 8-58　创建模板文件

(4) 创建视图

在 map 应用的 view.py 文件中创建 map_all_layers_ol_vector_view 视图函数，添加如图 8-59 所示的代码。

```python
01  from django.shortcuts import render
02
03  def map_all_layers_ol_vector_view(request):
04      # 渲染视图
05      return render(request, 'map/openlayers_vector_map.html')
```

图 8-59　创建视图

(5) 定义路径映射

在 map 应用的 urls.py 文件中定义路径映射，代码如图 8-60 所示。

```python
01  """*************************************************************
02     功能：地理空间数据应用的路径映射
03  *************************************************************"""
04  from django.urls import path
05  from map import views
06
07  urlpatterns = [
08      path('folium/', views.map_all_layers_folium_view, name='map_all_layers_folium'),
09      path('leaflet/', views.map_all_layers_leaflet_view, name='map_all_layers_leaflet'),
10      path('ol/', views.map_all_layers_ol_view, name='map_all_layers_ol'),
11      path('ol_vector/', views.map_all_layers_ol_vector_view, name='map_all_layers_ol_vector'),
12  ]
```

图 8-60　定义路径映射

(6) 汇集路径映射

与 8.6.2 小节步骤(5)一致。

(7) 测试基于 OpenLayers、GeoServer WMS、WFS 的农场图层页面。

第三部分　总结与展望

第 9 章　高精度地理空间数据的应用情况及其未来展望

9.1　高精度地理空间数据的应用情况

在华兴农场项目中,高精度地理空间数据在智慧农场中的应用主要体现在以下几个方面。

1. 灌溉系统

通过高精度地理空间数据,农民可以对农田进行详细的空间数据分析与管理,包括土壤类型、地形、气候、水资源和作物分布等,为灌溉提供科学依据。根据田间的土壤特性、作物种类和生长阶段的不同,灌溉系统可以调整灌溉水量和时间,实现变量灌溉,优化水资源的使用。使用智能灌溉控制器和阀门,可以根据预设的灌溉计划和实时数据自动开启或关闭灌溉系统。高精度水肥一体化系统可根据作物的需水、需肥规律,以及土壤养分含量情况和环境状况,自动对水、肥进行检测、调配和供给,在提高灌溉用水使用率的同时实现对灌溉、施肥的定时、定量控制,如图 9-1 所示。

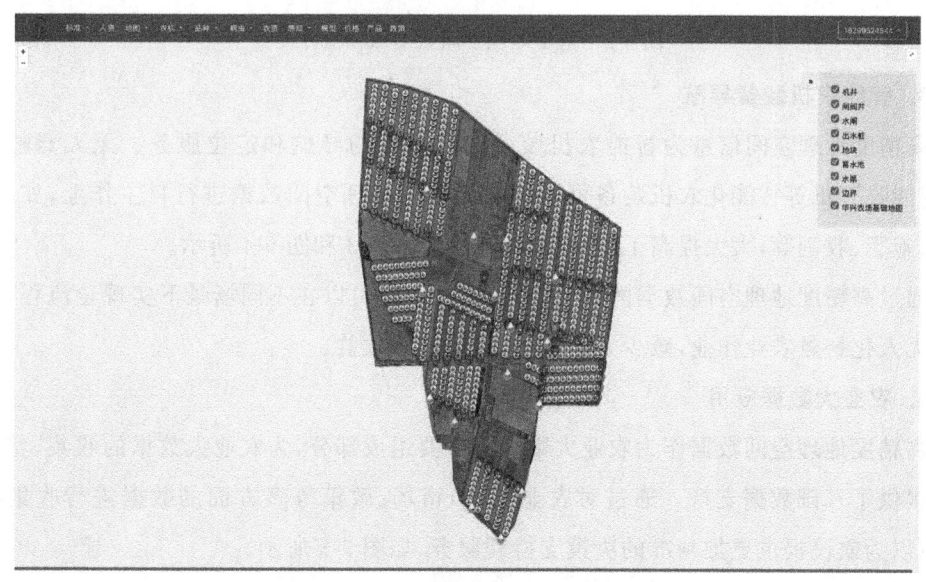

图 9-1　基于地理空间数据的灌溉系统

2. 种植方案

地理空间数据与卫星遥感、无人机巡航等技术结合,实现对农田环境、作物生长状况的实时监测和数据分析。农民可以更加准确地了解农田的土壤湿度、养分含量、病虫害情况等信息,从而制定出更加科学的种植方案和管理措施,如图9-2所示。

在精准灌溉、精准施肥等技术的应用中,高精地理空间数据能够提供精确的农田数据支持,以帮助农民实现水肥利用的最大化,减少资源浪费和环境污染。

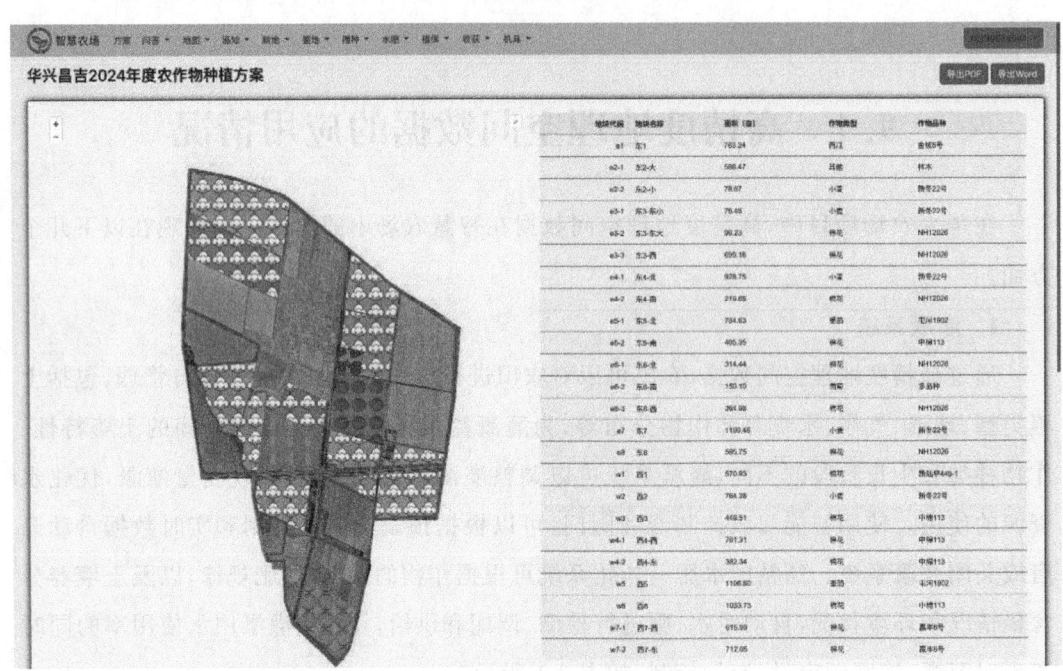

图9-2 基于地理空间数据的种植方案

3. 智能农机装备导航

高精度地理空间信息为智能农机装备提供精准的导航和定位服务。无人驾驶拖拉机、智能收割机等智能化农机装备可以依靠高精度地理空间数据进行自主作业,如耕作、播种、施肥、收割等,大大提高了农业生产效率,如图9-3和图9-4所示。

通过高精度地理空间数据的引导,智能农机装备可以在不同场景下实现全流程、多场景的无人化智慧农业作业,减少人力成本,提高经济效益。

4. 农业大数据应用

高精度地理空间数据作为农业大数据的重要组成部分,为农业大数据的收集、整合和分析提供了基础数据支持。通过对农业生产、市场、政策等多方面的数据进行收集和分析,可以为农民提供更加精准的决策支持和服务,如图9-5所示。

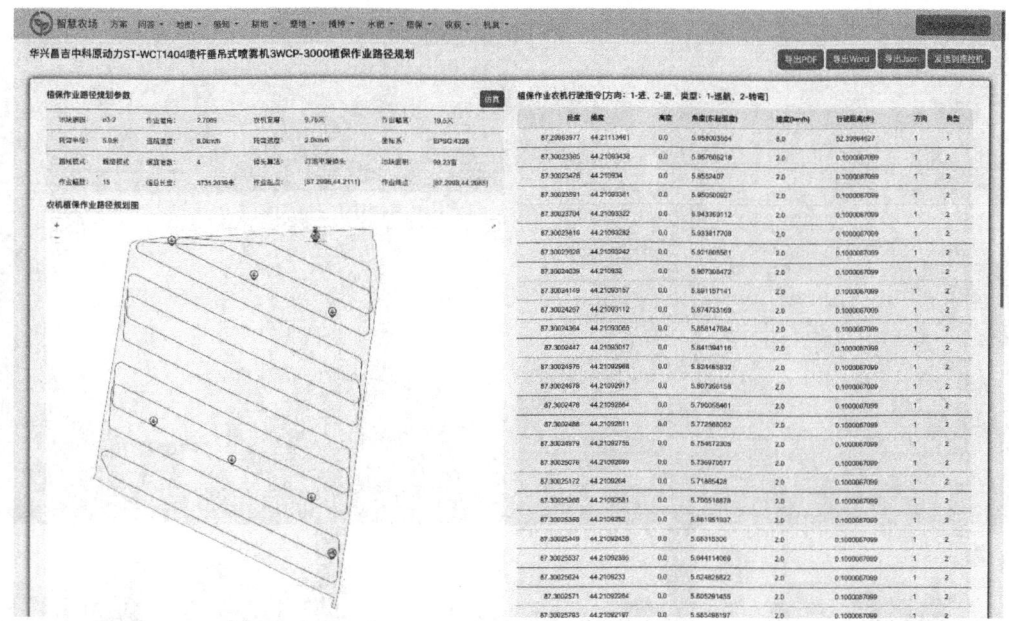

图 9-3　基于地理空间数据的作业路径规划

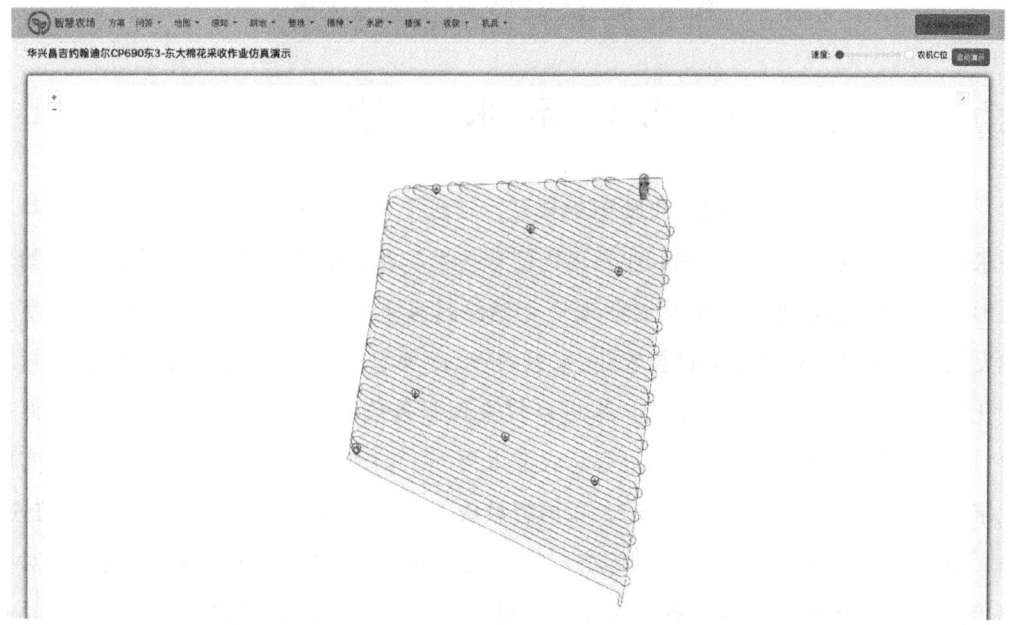

图 9-4　基于地理空间数据的作业仿真演示

综上所述，高精度地理空间数据在智慧农业中的应用涵盖了农田规划与管理、精准农业技术应用、智能农机装备导航以及农业大数据应用等多个方面。这些应用不仅提高了农业生产的效率和可持续性，还有助于解决全球粮食安全、环境保护和可持续发展等问题。

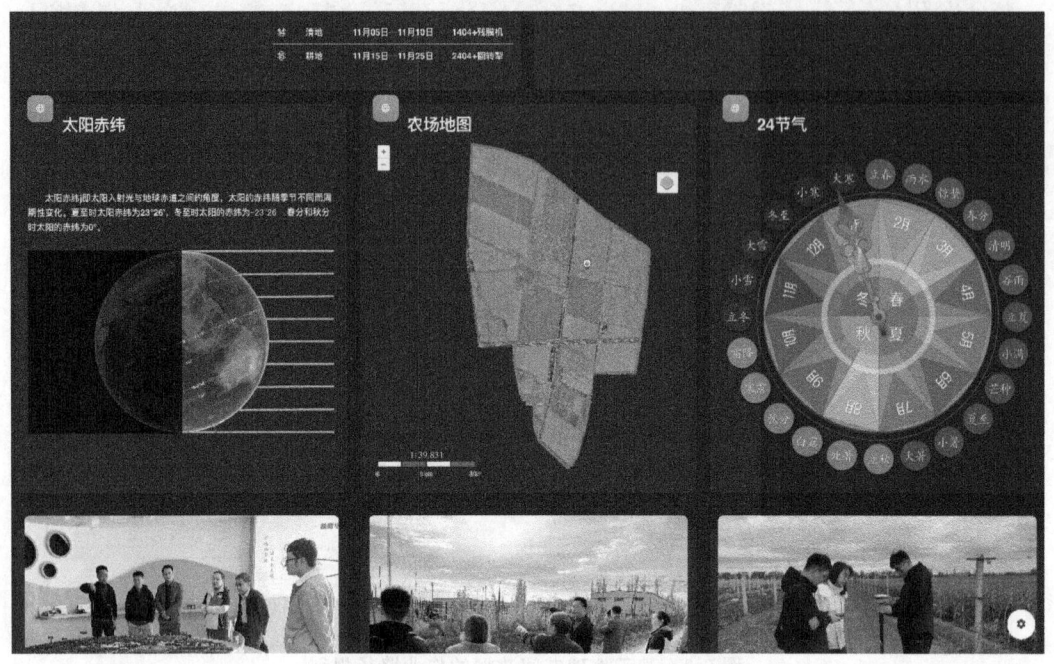

图 9-5 基于地理空间数据的农业决策系统

9.2 未来展望

  农业强国是社会主义现代化强国的根基。习近平总书记指出："建设农业强国，基本要求是实现农业现代化。"智慧农业是现代信息技术与农业生产经营深度融合而形成的农业形态，发展智慧农业对于推动农业现代化建设具有重要意义。2019年印发的《数字乡村发展战略纲要》提出"打造科技农业、智慧农业、品牌农业"；《"十四五"推进农业农村现代化规划》提出"发展智慧农业"和"推进乡村管理服务数字化"；2023年中央一号文件提出"加快农业农村大数据应用，推进智慧农业发展"；2024年中央一号文件提出"持续实施数字乡村发展行动，发展智慧农业"。我国智慧农业发展已驶入快车道，展现出广阔前景。

  当前，我国正处于向第二个百年奋斗目标迈进的历史关口，大力发展智慧农业，对变革传统农业生产方式，大幅度提高农业资源利用率和生产效率，实现农业高质量发展具有重要作用，对"全面推进乡村振兴，加快农业农村现代化"具有重大意义。2018年9月25日，习近平总书记在黑龙江农垦建三江国家农业科技园区考察时指出，要"大力推进农业机械化、智能化，给农业现代化插上科技的翅膀"[①]。作为"十四五"时期乃至2035年我国

---

① 赵春江. 智慧农业的发展现状与未来展望[J]. 华南农业大学学报，2021，42(06)：1-7.

推动农业高质量发展的重要建设内容,发展智慧农业正面临良好的机遇。纵观我国农业发展方式转变历程,我国农业在经历了人力和畜力为主的传统农业(农业 1.0)、生物-化学农业(农业 2.0)、机械化农业(农业 3.0)之后,正在大步迈入智慧农业(农业 4.0)的新时代。在新发展格局下,积极应对更加严峻的人口、资源、环境与市场的多重约束,探寻通过现代信息科技大幅度提高农业劳动生产率、资源利用率和土地产出率的中国特色智慧农业发展道路。这既是新时代"三农"工作的重点,也是建设社会主义现代化强国的客观要求。

以提高主要农业产业的劳动生产率、资源利用率和土地产出率为目标,重点攻克农业传感器、农业大数据和人工智能、农业智能控制与农业机器人等智慧农业核心技术,并研发相关产品,实现技术与产品自主化。集成构建"信息感知、定量决策、智能控制、精准投入、个性化服务"的智慧农业产业技术体系,建成智慧农(牧、渔)场,建立农产品智慧供应链,实现农业生产智能化、管理数字化、服务网络化,以及农产品流通智慧化和农业农村信息服务个性化的目标。推进知识替代经验、机器替代人工的进程,培育农业智能装备、农业信息服务、农产品可信流通等新产业。到 2025 年,智慧农业将实现跨越式发展,农业生产数字化水平将由目前的 20% 提高到 40%,农业数字经济占农业 GDP 的比例将由目前的 8% 提高到 15%,为实施乡村振兴战略、实现农业农村现代化提供强有力的科技支撑。

未来,高精度地理空间数据在智慧农业中的发展可以从以下几个方面进行归纳。

(1) 精准农业管理

高精度地理空间数据能够提供更精细的农田信息,包括地形、土壤性质、水源分布等,为精准农业管理提供数据支持。未来,通过高精地图与物联网、传感器等技术的结合,可以实现农田环境的实时监测和数据分析,为农民提供精准的种植建议和管理方案,从而进一步提高农作物的产量和品质。

(2) 智能农机装备应用

高精度地理空间数据为智能农机装备提供精确的导航和定位服务,推动无人驾驶农机的发展。随着技术的不断进步,未来智能农机装备将实现更加高效、精准的自动化作业,降低人力成本,提高农业生产效率。预计未来智能农机装备市场将持续增长,成为智慧农业的重要组成部分。

(3) 农产品质量安全追溯

高精度地理空间数据能够提供农产品的产地、种植环境等详细信息,为农产品质量安全追溯提供数据支持。通过高精地图与物联网、区块链等技术的结合,农产品可以实现从生产到销售全过程的追溯和监管,提高消费者对农产品的信任度和满意度。

(4) 农业大数据应用

高精度地理空间数据作为农业大数据的重要组成部分,将为农业大数据的收集、整合和分析提供基础数据支持。通过对农业生产、市场、政策等多方面的数据进行收集和分析,可以为农民提供更加精准的决策支持和服务,推动农业生产的智能化和可持续发展。

(5) 生态环境保护

高精度地理空间数据可以帮助农民合理规划农田布局,减少土地资源的浪费和污染。其结合高精度监测技术可以实时监测农田生态环境的变化,为农民提供及时的生态环境保护措施,促进农业生产的绿色发展和生态环境保护。

(6) 国际合作与交流

随着全球智慧农业的发展,高精度地理空间信息在国际间的应用和交流将日益增多。通过国际合作与交流,我们可以引进国外先进的智慧农业技术和经验,推动我国智慧农业的发展和创新。

综上所述,高精度地理空间数据在智慧农业中的应用前景广阔。随着技术的不断进步和应用场景的不断拓展,高精地图将在精准农业管理、智能农机装备应用、农产品质量安全追溯、农业大数据应用,以及生态环境保护等方面发挥更加重要的作用,并持续推动智慧农业的快速发展和可持续发展。[①]

[①] 新华社. 习近平在东北三省考察并主持召开深入推进东北振兴座谈会[EB/OL]. (2018-09-28)[2024-08-10]. https://www.gov.cn/xinwen/2018-09/28/content_5326563.htm.

附录 A 本书参照的标准和规范

表 A-1 本书参照的标准和规范

编号	标准名称
1	CH/T 1013—2005《基础地理信息数字产品数字影像地形图》
2	《无人农场 智能农机自主作业数字地图构建 技术规范》
3	CH/T 3006—2011《数字航空摄影测量 控制测量规范》
4	CH/Z 3002—2010《无人机航摄系统技术要求》
5	T/NTRPTA 0030—2020《无人机精准测绘技术规范》
6	CH/T 1004—2005《测绘技术设计规定》

附录 B DJI Mavic 3M 参数

表 B-1 飞行器技术参数

技术参数	数值
裸机重量(带桨叶和 RTK 模块)	951 g
最大起飞重量	1 050 g
尺寸	折叠(不带桨):长 223 mm,宽 96.3 mm,高 122.2 mm 展开(不带桨):长 347.5 mm,宽 283 mm,高 139.6 mm
轴距	对角线:380.1 mm
最大上升速度	6 m/s(普通挡) 8 m/s(运动挡)
最大下降速度	6 m/s(普通挡) 6 m/s(运动挡)
最大水平飞行速度(海平面附近无风)	15 m/s(普通挡) 前飞:21 m/s 侧飞:20 m/s 后飞:19 m/s(运动挡)
最大抗风速度	12 m/s
最大起飞海拔	6 000 m(空载飞行)
最长飞行时间(无风环境)	43 min
最长悬停时间(无风环境)	37 min
最大续航里程	32 km
最大可倾斜角度	30°(普通挡) 35°(运动挡)
最大旋转角速度	200°/s
GNSS	GPS+Galileo+BeiDou+GLONASS(仅在 RTK 模块开启时支持 GLONASS)
悬停精度(无风或微风环境)	垂直:±0.1 m(视觉定位正常工作时);±0.5 m(GNSS 正常工作时);±0.1 m(RTK 正常工作时) 水平:±0.3 m(视觉定位正常工作时);±0.5 m(高精度定位系统正常工作时);±0.1 m(RTK 正常工作时)

续表

技术参数	数值
工作环境温度	−10～40 ℃
机载内存	无
电机型号	2008
螺旋桨型号	9453F 行业版
光感传感器	无人机内置

表 B-2 可见光相机技术参数

技术参数	数值
影像传感器	4/3CMOS,有效像素 2 000 万
镜头	视角:84° 等效焦距:24 mm 光圈:$f/2.8$～$f/11$ 对焦点:1 m 至无穷远
ISO 范围	100～6 400
快门速度	电子快门:1/8 000～8 s 机械快门:1/2 000～8 s
最大照片尺寸	2 592×1 944
照片拍摄模式	单张拍摄:2 000 万像素 定时拍摄:2 000 万像素 JPEG:0.7 s/1 s/2 s/3 s/5 s/7 s/10 s/15 s/20 s/30 s/60 s JPEG+RAW:3 s/5 s/7 s/10 s/15 s/20 s/30 s/60 s 全景拍照:2 000 万像素(原始素材)
录像编码及分辨率	编码格式:H.264 4K 分辨率:3 840×2 160@30 f/s FHD 分辨率:1 920×1 080@30 f/s
视频码率	4K:130 Mbit/s FHD:70 Mbit/s
支持文件系统	exFAT
照片格式	JPEG/DNG(RAW)
视频格式	MP4(MPEG-4 AVC/H.264)

表 B-3 多光谱相机技术参数

技术参数	数值
影像传感器	1/2.8 英寸 CMOS,有效像素 500 万
镜头	视角:73.91°(61.2×48.10°) 等效焦距:25 mm 光圈:$f/2.0$ 对焦:定焦
多光谱相机波段	绿(G):560 nm±16 nm 红(R):650 nm±16 nm 红边(RE):730 nm±16 nm 近红外(NIR):860 nm±26 nm
Gain 范围	1x-32x
快门速度	电子快门:1/12 800~1/30 s
最大照片尺寸	2 592×1 944
照片格式	TIFF
视频格式	MP4(MPEG-4 AVC/H.264)
照片拍摄模式	单张拍摄:500 万像素 定时拍摄:500 万像素 TIFF:2 s/3 s/5 s/7 s/10 s/15 s/20 s/30 s/60 s
视频编码及分辨率	编码格式:H.264 FHD 分辨率:1 920×1 080@30 f/s 视频内容:NDVI/GNDVI/NDRE
视频码率	码流:60 Mbit/s

表 B-4 云台技术参数

技术参数	数值
稳定系统	三轴机械云台(俯仰、横滚、平移)
结构设计范围	俯仰:-135~45° 横滚:-45~45° 平移:-27~27°
可控转动范围	俯仰:-90~35° 平移:不可控
最大控制转速(俯仰)	100°/s

表 B-5 感知技术参数

技术参数	数值
感知系统类型	全向双目视觉系统,辅以机身底部红外传感器
前视	测距范围:0.5～20 m 可探测范围:0.5～200 m 有效避障速度:飞行速度≤15 m/s 视角(FOV):水平 90°,垂直 103°
后视	测距范围:0.5～16 m 有效避障速度:飞行速度≤12 m/s 视角(FOV):水平 90°,垂直 103°
侧视	测距范围:0.5～25 m 有效避障速度:飞行速度≤15 m/s 视角(FOV):水平 90°,垂直 85°
上视	测距范围:0.2～10 m 有效避障速度:飞行速度≤6 m/s 视角(FOV):前后 100°,左右 90°
下视	测距范围:0.3～18 m 有效避障速度:飞行速度≤6 m/s 视角(FOV):前后 130°,左右 160°
有效使用环境	前、后、左、右、上方:表面有丰富纹理,光照条件充足(>15 lux,室内日光灯正常照射环境) 下方:表面为漫反射材质且反射率>20%(如墙面,树木,人等),光照条件充足(>15 lux,室内日光灯正常照射环境)

表 B-6 图传技术参数

技术参数	数值
容量	5 000 mAh
标称电压	15.4 V
充电限制电压	17.6 V
电池类型	LiPo 4S
化学体系	钴酸锂
能量	77 Wh
重量	335.5 g
充电环境温度	LiPo 4S 5～40 ℃

表 B-7 RTK 模块

技术参数	数值
尺寸	长 50.2 mm,宽 40.2 mm,高 66.2 mm
重量	24 g±2 g
接口	USB-C
功率	约 1.2 W
RTK 位置精度	RTK 固定解: 水平:$(1+1\times10^{-6})$ cm 垂直:$(1.5+1\times10^{-6})$ cm

附录 C 华兴农场 1∶500 高精度地理空间数据构建技术设计书

C.1 任务概述

C.1.1 任务来源

本项目为自治区重大科技专项项目"智慧农场关键技术集成应用示范"的子课题五"农场高精地图数据系统建设",依托坐落在新疆昌吉国家农业高新技术产业示范区华兴农场开展。本项目需对华兴农场核心区的 2.2 万余亩土地及辐射区的近 2 万亩农田进行测绘,实现基础底图和田间各类基础要素的标记,构建高精图层和基础底图的数据系统,开发基于 Web Service 的地理空间信息对外接口服务,为农业机械感知作业环境、精准定位和农场智能化管理提供支持。

C.1.2 测区范围及地理位置

本项目依托新疆昌吉国家农业高新技术产业示范区华兴农场开展,测绘华兴农场核心区的 2.2 万余亩土地及辐射区的近 2 万亩农田,测区大而集中。

C.1.3 行政隶属

测区行政隶属于新疆维吾尔自治区昌吉回族自治州。

C.1.4 成图比例尺及测区名称

成图比例尺为 1∶500。
测区名称根据地块名称命名。

C.2　测区情况及已有资料

新疆昌吉国家农业高新技术产业示范区是一个以智慧农业为导向，以信息化建设为引领的农业高质量发展新模式的示范点，拥有3.05万亩高标准农田。测区共有15块地和一个旅游景区，地势平坦且集中，如图 C.1 所示。

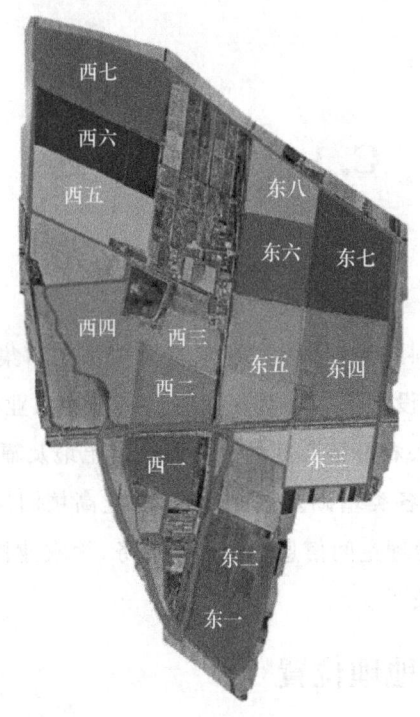

图 C.1　华兴农场地块分布图

C.3　引用标准及文件

① CH/T 1004—2005《测绘技术设计规定》；

② GB/T 18314—2009《全球定位系统(GPS)测量规范》(简称"GPS测量规范")；

③ GB 50026—2007《工程测量规范》；

④ GB/T 14912—2005《1∶500　1∶1 000　1∶2 000 外业数字测图技术规程》；

⑤ GB/T15967—2008《1∶500　1∶1 000　1∶2 000 地形图航空摄影测量数字化测图规范》；

⑥ GB/T 7931—2008《1∶500　1∶1 000　1∶2 000 地形图航空摄影测量外业规范》(简

称"航外规范");

⑦ GB/T 7930—2008《1∶500 1∶1 000 1∶2 000 地形图航空摄影测量内业规范》;

⑧ GB/T 23236—2009《数字航空摄影测量 空中三角测量规范》;

⑨ GB/T20257.1—2007《国家基本比例尺地图图式第 1 部分∶1∶500 1∶1 000 1∶2 000 地形图图式》(简称"图式");

⑩ CH/T 2009-2010《全球定位系统实时动态测量(RTK)技术规范》(简称"RTK 技术规范");

⑪ CH/T 1001—2005《测绘技术总结编写规定》;

⑫ GB/T 24356—2009《测绘成果质量检查与验收》;

⑬ GB/T 18316—2008《数字测绘成果质量检查与验收》。

C.4 成果规格及主要技术指标

(1) 平面坐标系统

采用 2000 国家大地坐标系。

(2) 高程基准

高程采用 1985 国家高程基准。

(3) 成图方法和基本高距

成图方法:全野外数字测量法,全数字航空摄影测量法。

基本等高距:平地 0.5 m,丘陵地、山地 1.0 m。

(4) 成果内容及形式

① 构建 1∶500 高精图层和基础底图的数据系统;

② 基于 Web Service 的地图对外接口服务。

C.5 设 计 方 案

C.5.1 项目技术路线

农场高精度地理空间数据的构建技术路线是一个系统化的过程,涉及数据采集和处理、地理空间信息构建、验证和更新、存储与发布等多个阶段。以全球定位系统(GPS)、地理信息系统(GIS)等技术为手段,依照现行国家标准、测绘行业标准以及有关规定,运用现有基础测绘资料,为该项目区域基础地理信息的采集及工程建设提供空间位置基准。通过全野外数字测量和航空摄影测量对地物、地貌信息进行数据采集,编辑制作 1∶500 数字线划图的制图数据。整个技术路线分为外业和内业两部分,技术路线如图 C.2 所示。

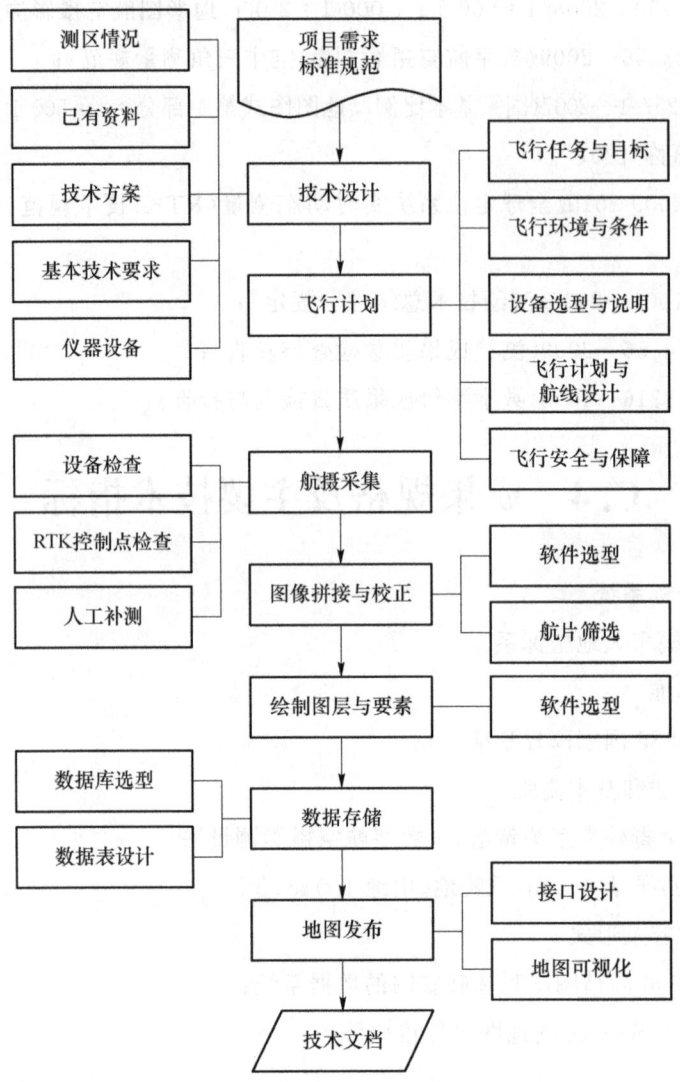

图 C.2　高精度地理空间数据生产技术路线

C.5.2　设备及软硬件配置

① 仪器:带有高清摄像头的无人机、RTK 测量仪。

② 硬件:计算机、存储设备。

③ 软件:Photoscan、QGIS、PostGIS、PostgreSQL、Django。

C.5.3　地面控制点布设及测量

地面控制点应均匀分布在测区,控制点标记可以是自定义目标,也可以是物理对象如道路交叉口的拐角等,以保证测量结果的代表性和覆盖面,方便构建测量网络。选择的地面应稳定且易到达,不易受侵蚀或沉降的影响。最重要的是控制点不能被树木等障碍物遮挡。根据农场地貌地形,我们在奥维地图上提前标记地面控制点,华兴农场预计设置27个控制点,主要选择路口。华兴农场的土层稳定且易于观察,因为农场面积大,所以控制点间距应控制在200~400 m。

C.5.4 无人机试飞

在正式进行数据采集前,需要对无人机进行试飞,包括室内和室外两种测试,以确保无人机基本功能处于最佳工作状态。

通过查阅标准及试飞,验证无人机参数,以确保采集数据符合项目需要。制订详细的飞行计划,以确保数据采集质量和进度。无人机参数设置如表 C.1。

表 C.1 无人机参数设置

参数	设置	备注
影像类型	可见光	适用于获取高清晰度的地表影像
飞行高度	110 m	
起飞高度	110 m	与飞行高度一致,保证飞行的平稳性
返航高度	110 m	
航线速度	15 m/s	
返航方案	自动返航	确保无人机在完成任务或电量不足时能安全返回
航向重叠度	80%	
旁向重叠度	70%	

C.5.5 数据处理

图像拼接与正射校正使用到的软件是 Photoscan。Photoscan 可生成高分辨率真正射影像(使用控制点可达5 cm精度)及带精细色彩纹理的DEM模型。使用 Photoscan 进行图像拼接是完全自动化的工作流程。

C.5.6 地图制作

(1) 制图软件

本项目的制图软件采用 QGIS,QGIS 是一个开源的地理信息系统(GIS),QGIS 提供了丰富的 GIS 功能和工具,支持用户从数据导入到地图制作的整个流程。

(2) 图层要素设计

① 出水桩：用于标记农田出水口的位置，以便在灌溉时找到灌溉出口。

② 电线杆：标记电线杆的位置，提供电力保障，农田内部的电线杆有助于合理规划农田作业。

③ 供电线路：将电线杆根据农田实际的线路走向进行标记，为农田提供可靠的电力供应。

④ 出入口引导点：标记农田出入口的位置，以便农户或农机进入相应地块。

⑤ 出入口：标记农田的出入口范围，方便农户或农机进入相应地块。

⑥ 闸阀井：用于控制农田地块中水流走向的闸阀装置，方便农户调控灌溉水源。

⑦ 机井：标记农田内的机械取水井，为灌溉和供水提供水源支持，方便农户对水源进行管理和调控。

⑧ 建筑物：用于标记农田内的各类建筑物，包括仓库、机站、水泵房等。

⑨ 道路：标记农田道路位置，方便农户或农机在农田内交通。

⑩ 道路线：标记道路的走向和大小，方便农户或农机在农田内作业。

⑪ 水闸：用于控制农田水域的流向和水位。

⑫ 水渠：标记农田内的水渠位置，保证水源的顺利流向。

⑬ 蓄水池：标记示范农田中水源储存位置，通过泵房控制蓄水池水源进行浇灌。

⑭ 林带：标记示范农田的具体林带范围。

⑮ 地块：标记各个地块，以了解各地块的位置、大小、边界等。

⑯ 边界：用于标记示范区具体的边界。

(3) 矢量图层命名规范

矢量图层命名规范如表 C.2 所示。

表 C.2 农场示范区矢量图层详细信息

序号	图层	英文名称	要素数量	要素类别
1	出水桩	riser	765	点
2	电线杆	pole	720	点
3	供电线路	powerline	82	线
4	出入口引导点	guidance_point	57	点
5	出入口	entrance	57	面
6	闸阀井	valve_chamber	111	面
7	机井	well	15	面
8	建筑物	building	40	面
9	道路	road	75	面

续表

序号	图层	英文名称	要素数量	要素类别
10	道路线	road_line	75	线
11	水闸	sluice	12	面
12	水渠	channel	10	面
13	蓄水池	cisterne	1	面
14	林带	forest_belt	73	面
15	地块	plotland	130	面
16	边界	boundary	1	面

（4）数据库设计

将绘制生成的矢量图层和属性表完整的各图层采用 PostgreSQL 进行数据存储。在 QGIS 中配置相关数据库参数与 PostgreSQL 连接，数据表设计如表 C.3 所示。

表 C.3 农场地块字段说明

字段	字段属性	是否为空	字段其他要求	备注
id	integer	否	PRIMARY KEY	自动生成
id_code	character varying(100)	否		地块编号
name	character varying(50)	是		农场地块的通俗命名
area	numeric	否		地块面积(m^2)
area_mu	numeric	否		地块面积(亩)
crop	character varying(50)	否		地块种植作物类别
polygon	geometry	否		地块多边形的顶点坐标(二进制表示)
ower_id	integer	否	FOREIGN KEY	该地块的归属

（5）图层接口设计

WMS 规范定义了 HTTP 接口，用于从服务器请求地理参考地图图像。WMS 服务命名规范如表 C.4 所示。

表 C.4 WMS 命名规范

名称	含义	示例
url	链接	http://gpu.xjau.edu.cn:8080/geoserver/wms
service	服务	WMS
version	版本	1.1.0
request	操作名称	GetMap
layer	要在地图上显示的图层	hx_cj:building （华兴_昌吉:建筑物）
srs	地图输出的空间参考系统	EPSG:4538

续表

名称	含义	示例
bbox	地图边界的边界框	521530.82388648856,4895577.027923346, 524853.2832558865,4900465.811419783
width	宽度（像素）	800
height	高度（像素）	700
format	映射输出的格式	application/openlayers
cql_filter	过滤器	cql_filter：RV_CD＝"FFD4EA00000L
bgcolor	地图图像的背景色	值的形式为 RGB,默认为 FFFFFF(白色)
transparent	地图背景是否应透明	值为 true 或 false,默认为 false
time	地图数据的时间值或范围	yyyy-mm-ddhhmm:ss.sssz(年-月-天时分:秒.毫秒)

WFS 服务名称使用规范如表 C.5 所示。

表 C.5　WFS 服务名称使用规范

名称	含义	示例
url	链接	http://gpu.xjau.edu.cn:8080/geoserver/wms
service	服务器	WFS
version	版本	1.0.0
request	操作名称值	GetFeature
typeName	要描述的功能类型的名称	hx_cj:channel（华兴_昌吉:水渠）
maxFeature	预览的最大要素数	默认为 50
outputformat	用于描述要素类型的方案描述语言	application/json

（6）地理空间数据发布

将高精图层和基础底图通过 GeoServer 进行发布,需包含华兴农场（昌吉）的 17 个图层,每一个图层都有对应的标题和名称。具体命名规范设计如表 C.6 所示。

表 C.6　华兴农场已发布图层命名规范

序号	标题	存储仓库	图层名称	样式
1	riser	出水桩	hx_cj:riser	riser
2	pole	电线杆	hx_cj:pole	pole
3	powerline	供电线路	hx_cj:powerline	powerline
4	guidance_point	引导点	hx_cj:guidance_point	guidance_point
5	entrance	出入口	hx_cj:entrance	entrance
6	valve_chamber	闸阀井	hx_cj:valve_chamber	valve_chamber
7	well	机井	hx_cj:well	well

续 表

序号	标题	存储仓库	图层名称	样式
8	building	建筑物	hx_cj:building	building
9	road	道路	hx_cj:road	road
10	road_line	道路线	hx_cj:road_line	road_line
11	sluice	水闸	hx_cj:sluice	sluice
12	channel	水渠	hx_cj:channel	channel
13	cisterne	蓄水池	hx_cj:cisterne	cisterne
14	forest_belt	林带	hx_cj:forst_belt	forest_belt
15	plotland	地块	hx_cj:plotland	plotland
16	boundary	边界	hx_cj:boundary	boundary
17	basemap	基础地图	hx_cj:basemap	无

C.6 进度安排

具体进度安排如表 C.7 所示。

表 C.7 进度安排

时间	计划	目标
2023-4-15—2023-5-10	需求分析 实地考察 技术设计	输出技术文档 输出飞行计划
2023-5-11—2023-5-16	RTK 航测采集 补测	输出航次原始图像 RTK 控制点数据
2023-5-17—2023-6-17	图像拼接与校正 地图制作 数据存储 接口设计	矢量图层 接口文档 数据表

C.7 质量控制

① 人员之间分工明确,分清职责和权限;
② 做好准备工作,完成仪器、软件检查,配备相应的硬、软件设备;

③ 地面控制点布设合理,确保精度满足要求。

C.8　成果提交及要求

① 测区 1∶500 原始影像图;
② 技术文献汇编(设计书、飞行计划、内业外业报告、技术报告、总结报告);
③ 1∶500 高精图层和基础底图的数据系统;
④ 基于 Web Service 的地图对外接口服务 1 套。

附录 D　无人机飞行计划书

D.1　飞行任务与目标

① 控制点布设及测量；
② 农场外业测绘。

通过无人机拍摄新疆昌吉国家农业高新技术产业示范区华兴农场（3.05 万亩高标准农田）的高分辨率影像。

目标：地面精度满足 1∶500 地形图精度要求。测绘影像包含田块、道路线、道路、出入口、出入引导点、机井、泵房、建筑物、电线杆、输电线路、出水桩、闸阀井、水渠、蓄水池、林带等田间基础要素，精度误差在±2.5 cm 之内。

D.2　无人机选型及配置

本次任务选择的无人机型号为 DJI Mavic 3M，影像系统集成了 1 个 2 000 万像素可见光相机可实现高精度航测。

Mavic 3M 搭配 RTK 模块，实现厘米级高精度定位。同时配有 4 块电池和充电器，可替换完成航测任务。

D.3　飞行计划与航线设计

（1）飞行时间

因测绘面积较大，根据无人机的续航能力及任务规划，计划两天完成。分别为 2024 年 5 月 26 日 10:00～14:00 及 15:30～20:00，2024 年 5 月 29 日 10:00～14:00 及 15:30～20:00。

（2）天气情况

根据天气预报，农场天气温度适宜，为 23～28℃，风速较低，满足飞行要求。

(3) 法规要求

Mavic 3M 属于小型无人机类型,无须取得特殊通用航空飞行任务批准文件。农场测绘时,无人机飞行高度为 110 m,农场示范区所处位置空旷,属于合法空域。

(4) 飞行参数及航线

飞行参数如表 D.1 所示。

表 D.1 飞行参数

参数	数值
航测高度	110 m
航向重叠度	80%
旁向重叠度	70%
飞行速度	15 m/s

因为测绘面积较大,需要跟车完成,所以起飞和降落选择在路口,方便车进入。

(5) 人员职责

人员职责如表 D.2 所示。

表 D.2 人员职责

人员	职责	具体任务安排
人员 A	RTK 测量仪组装与测试 标记控制点 控制点布设及测量	2024 年 5 月 26 日 10:00~14:00 完成控制点测量
人员 B	控制点布设及测量 拍摄质检照片 整理控制点数据	2024 年 5 月 26 日 10:00~14:00 完成控制点测量
人员 C	控制点布设及测量 无人机测绘	2024 年 5 月 26 日 10:00~14:00 完成控制点测量 2024 年 5 月 26 日 15:30~20:00、2024 年 5 月 29 日 10:00~14:00 及 15:30~20:00 完成无人机测绘
人员 D	无人机组装与测试 无人机测绘 整理影像数据	2024 年 5 月 26 日 10:00~14:00 及 15:30~20:00、2024 年 5 月 29 日 10:00~14:00 及 15:30~20:00 完成无人机测绘
人员 E	无人机测绘 电池充电 日志记录	2024 年 5 月 26 日 10:00~14:00 及 15:30~20:00、2024 年 5 月 29 日 10:00~14:00 及 15:30~20:00 完成无人机测绘

（6）车辆配置

2024年6月25日完成车辆计划，负责在乌鲁木齐与昌吉之间往返，并在测绘中运送人员。

D.4　飞行安全与风险控制

（1）飞行培训

飞行前经过培训及试飞检测，确认飞行人员掌握飞行操作及应急处理等技能。

（2）设备检查

确认电池充满电，无人机不存在故障。

（3）规划应急降落点

在航线中预设应急降落点，以便出现故障或低电量时能安全返回。

附录 E 检查记录表(一)

生产单位:乌鲁木齐气象卫星地面站

项目名称:华兴项目地航空测量

资料名称:正射影像图、矢量数据

序号	抽样图幅号	质量问题	修改情况
1	L45K21481275	影像数据与矢量数据均无明显质量问题	
2	L45K21461276	影像数据与矢量数据均无明显质量问题	
3	L45K21471280	影像数据与矢量数据均无明显质量问题	
4	L45K21441279	影像数据与矢量数据均无明显质量问题	
5	L45K21471283	影像数据与矢量数据均无明显质量问题	
6	L45K21441281	影像数据与矢量数据均无明显质量问题	
7	L45K21441282	影像数据与矢量数据均无明显质量问题	
8	L45K21481280	影像数据与矢量数据均无明显质量问题	
9	L45K21431283	影像数据与矢量数据均无明显质量问题	
10	L45K21451294	影像数据与矢量数据均无明显质量问题	
11	L45K21471291	影像数据与矢量数据均无明显质量问题	
12	L45K21431295	影像数据与矢量数据均无明显质量问题	
13	L45K21471287	影像数据与矢量数据均无明显质量问题	
14	L45K21401294	影像数据与矢量数据均无明显质量问题	
15	L45K21451289	影像数据与矢量数据均无明显质量问题	
16	L45K21481287	影像数据与矢量数据均无明显质量问题	
17	L45K21451285	影像数据与矢量数据均无明显质量问题	
18	L45K21441291	影像数据与矢量数据均无明显质量问题	
19	L45K21481288	影像数据与矢量数据均无明显质量问题	
20	L45K21461289	影像数据与矢量数据均无明显质量问题	
21	L45K21461295	影像数据与矢量数据均无明显质量问题	
22	L45K21461291	影像数据与矢量数据均无明显质量问题	
23	L45K21451287	影像数据与矢量数据均无明显质量问题	
24	L45K21431297	影像数据与矢量数据均无明显质量问题	
25	L45K21511289	影像数据与矢量数据均无明显质量问题	
26	L45K21491281	影像数据与矢量数据均无明显质量问题	
27	L45K21541279	影像数据与矢量数据均无明显质量问题	

续 表

序号	抽样图幅号	质量问题	修改情况
28	L45K21531282	影像数据与矢量数据均无明显质量问题	
29	L45K21521292	影像数据与矢量数据均无明显质量问题	
30	L45K21491297	影像数据与矢量数据均无明显质量问题	
31	L45K21501282	影像数据与矢量数据均无明显质量问题	
32	L45K21531281	影像数据与矢量数据均无明显质量问题	
33	L45K21541281	影像数据与矢量数据均无明显质量问题	
34	L45K21491285	影像数据与矢量数据均无明显质量问题	
35	L45K21521275	影像数据与矢量数据均无明显质量问题	
36	L45K21531275	影像数据与矢量数据均无明显质量问题	
37	L45K21701258	影像数据与矢量数据均无明显质量问题	
38	L45K21661259	影像数据与矢量数据均无明显质量问题	
39	L45K21791260	影像数据与矢量数据均无明显质量问题	
40	L45K21741262	影像数据与矢量数据均无明显质量问题	
41	L45K21741261	影像数据与矢量数据均无明显质量问题	
42	L45K21751270	影像数据与矢量数据均无明显质量问题	
43	L45K21651259	影像数据与矢量数据均无明显质量问题	
44	L45K21811264	影像数据与矢量数据均无明显质量问题	
45	L45K21711264	影像数据与矢量数据均无明显质量问题	
46	L45K21741266	影像数据与矢量数据均无明显质量问题	
47	L45K21751264	影像数据与矢量数据均无明显质量问题	
48	L45K21721269	影像数据与矢量数据均无明显质量问题	
49	L45K21811269	影像数据与矢量数据均无明显质量问题	
50	L45K21741267	影像数据与矢量数据均无明显质量问题	
51	L45K21761268	影像数据与矢量数据均无明显质量问题	
52	L45K21751271	影像数据与矢量数据均无明显质量问题	
53	L45K21671263	影像数据与矢量数据均无明显质量问题	
54	L45K21751260	影像数据与矢量数据均无明显质量问题	
55	L45K21711270	影像数据与矢量数据均无明显质量问题	
56	L45K21671258	影像数据与矢量数据均无明显质量问题	
57	L45K21671256	影像数据与矢量数据均无明显质量问题	
58	L45K21661264	影像数据与矢量数据均无明显质量问题	
59	L45K21921264	影像数据与矢量数据均无明显质量问题	
60	L45K21891265	影像数据与矢量数据均无明显质量问题	

检查者： 生产者： 时间：2024 年 5 月 13 日

附录 F 检查记录表(二)

生产单位:乌鲁木齐气象卫星地面站
项目名称:华兴项目地航空测量
资料名称:正射影像图

序号	图上数据		检测数据		ΔX/m	ΔY/m	ΔS/m	备注
	X 坐标/m	Y 坐标/m	X 坐标/m	Y 坐标/m				
1	523413.529	4898748.214	523413.487	4898748.242	−0.042	0.028	0.051	合格
2	523459.827	4899071.197	523459.823	4899071.199	−0.004	0.002	0.005	合格
3	523528.162	4899597.371	523528.106	4899597.313	−0.056	−0.058	0.081	合格
4	523605.830	4900195.294	523605.838	4900195.283	0.008	−0.011	0.013	合格
5	523396.082	4898575.745	523396.154	4898575.740	0.072	−0.005	0.072	合格
6	523361.311	4898286.401	523361.345	4898286.391	0.034	−0.010	0.036	合格
7	523320.745	4897948.440	523320.771	4897948.458	0.026	0.018	0.032	合格
8	524143.573	4897832.502	524143.570	4897832.508	−0.003	0.006	0.007	合格
9	523724.260	4897848.316	523724.249	4897848.287	−0.011	−0.029	0.031	合格
10	523252.554	4897412.172	523252.597	4897412.153	0.043	−0.019	0.047	合格
11	522992.169	4897390.992	522992.206	4897390.985	0.037	−0.007	0.038	合格
12	522793.548	4897383.169	522793.556	4897383.197	0.008	0.028	0.029	合格
13	522595.336	4897375.385	522595.375	4897375.448	0.039	0.063	0.074	合格
14	522396.952	4897369.184	522396.929	4897369.161	−0.024	−0.023	0.033	合格
15	523388.573	4897406.720	523388.590	4897406.725	0.017	0.005	0.018	合格
16	523591.589	4897411.446	523591.593	4897411.483	0.004	0.037	0.037	合格
17	523786.421	4897419.133	523786.404	4897419.157	−0.017	0.024	0.030	合格
18	523981.270	4897426.772	523981.348	4897426.772	0.078	0.000	0.078	合格
19	524191.073	4897435.051	524191.152	4897435.046	0.079	−0.005	0.079	合格
20	524490.866	4897446.856	524490.942	4897446.895	0.075	0.039	0.085	合格
点位中误差/m								合格
0.044								

检查者:　　　　　生产者:　　　　　时间:2024 年 5 月 13 日